90 anni di "Italie"

Bruno P. Pieroni

90 anni di "Italie"

Appunti del decano dei giornalisti medici

Prefazione di Umberto Veronesi

Dott. Bruno Pieroni
Giornalista
Presidente Onorario UNAMSI
Milano
brunopieroni21@alice.it

ISBN 978-88-470-2540-0   ISBN 978-88-470-2541-7 (eBook)

DOI 10.1007/978-88-470-2541-7

© Springer-Verlag Italia 2012

3 2 1   2012 2013 2014

Layout copertina: Ikona S.r.l., Milano
Impaginazione: Ikona S.r.l., Milano

Springer-Verlag Italia S.r.l., Via Decembrio 28, I-20137 Milano
Springer fa parte di Springer Science+Business Media (www.springer.com)

Nell'arco di quasi un secolo,
ho vissuto molte Italie.

Dedico questi appunti a mia moglie Elena,
partner di alcune vicende temerarie qui ricordate,
e alla collega Adriana Bazzi
che mi ha suggerito di scriverli.

Prefazione

Imprevedibile Pieroni: il pomeriggio mi chiede la prefazione al suo ultimo libro da mandare in stampa per la sera. Impareggiabile Pieroni: la prefazione è sulla "fiducia" perché il testo non me lo fa leggere. Mi manda solo il titolo, "90 anni di Italie", e il sottotitolo, "Appunti del decano dei giornalisti medici". Imprevedibile e impareggiabile Bruno al quale non so mai dire di no.

Ma questa non è una prefazione, è un doveroso omaggio che io mi sento obbligato di fare al "decano dei giornalisti scientifici". Perché nel mondo medico tutti dobbiamo qualcosa a Bruno Pieroni. I giornalisti gli devono di aver aperto la strada dell'informazione medica in un'Italia analfabeta di conoscenze scientifiche; i medici di aver organizzato ante litteram l'educazione medica continua (l'ECM che da ministro, a trent'anni di distanza, avrei istituzionalizzato con decreto legge) che per anni sotto l'egida di Pieroni ha permesso a centinaia di giovani medici l'aggiornamento professionale; e gli italiani, la gente comune, di aver cominciato a capire, grazie alle prime riviste inventate da Pieroni, l'importanza della prevenzione e la necessità di seguire stili di vita adeguati per evitare i rischi di tante malattie.

Bruno Pieroni mi ha confessato che il libro è una serie di ricordi con i quali punteggiare la sua vita, che sicuramente è una vita avventurosa e che conosco bene, perché è stato il primo giornalista a chiedermi un'intervista.

Ricordo che gli avevo dato appuntamento per le sette di sera, in ambulatorio, ma quando ebbi finito di visitare e stavo per andarmene, era quasi mezzanotte... uscendo, vidi quello che scambiai per un ultimo paziente: invece era Bruno Pieroni che mi aspettava! Impareggiabile Pieroni, sempre ottimista, mai demotivato, pronto a cominciare una nuova avventura, infaticabile nel superare ostacoli e imprevisti. E questo tratto del carattere me lo fa sentire molto vicino, perché anch'io amo le sfide, mi pongo continui traguardi da superare e quando l'ipotesi di un'idea nuova trova anche la minima possibilità di essere realizzata non riesco a fermarmi finchè non ho raggiunto l'obiettivo.

Mi dice che nel suo libro di ricordi non dimentica di annotare gli episodi di eccessi di potere o di capricci infantili della casta baronale. Di certi baroni, non tutti. E poiché anch'io sono stato associato, non per appartenenza, almeno questa è la mia convinzione, a questa casta per nulla nobile, sono curioso di leggere le memorie di Pieroni.

Ma anch'io ho un'infinità di ricordi che lo vedono protagonista; questo me lo ha reso tra le persone che ho conosciuto, la più incomparabile. Aula Magna dell'università di Princeton, quella dove insegnò Albert Einstein: sono stato invitato a tenere una lettura magistrale davanti a professoroni, alcuni Nobel della medicina, il senato accademico al completo. Un'atmosfera austera, divieto assoluto a giornalisti e televisioni di presenziare. Un cerimoniale scandito, nel silenzio quasi religioso, da un rito centenario. E nel bel mezzo del mio discorso ecco materializzarsi sgusciando dall'alto dell'emiciclo Bruno Pieroni, piazzarsi davanti al podio e con una macchinetta fotografica accucciarsi per scattare non una ma tre inquadrature. E rialzatosi strizzarmi l'occhiolino.

Umberto Veronesi

Indice

Premessa

2011: centocinquantesimo anniversario dell'Unità d'Italia.

Quale delle tante "Italie" che ho vissuto celebriamo? Ce n'è una che merita di essere ricordata più delle altre?

Nasco il 27 giugno 1921, poco più di un anno prima della presa del potere, con la Marcia su Roma, di quell'Italia "fascista" che, da più parti della Penisola, porterà cortei di camicie nere nella Capitale. Qui Benito Mussolini arriva da Milano in vagone letto - e non certo alla testa dei suoi uomini - per essere ricevuto dal re, Vittorio Emanuele III. Nel tentativo di rivalutare la partecipazione del nostro Paese, con 650.000 morti, alla vittoria della Prima guerra mondiale, gli dice: «Maestà, Le porto l'Italia di Vittorio Veneto». E ottiene l'incarico di governare l'Italia. È il 28 ottobre 1922.

Durante l'arco dei miei 90 anni ho vissuto tante Italie diverse: da quella fascista, dell'Impero e del Regno d'Albania, all'Italia punita nel mondo con le sanzioni economiche dopo la guerra in Etiopia; dall'Italia autarchica a quella mortificata da tante sconfitte; dall'Italia badogliana, disorientata e sbandata, all'Italia repubblichina di Salò; da quella della Resistenza a quelle della Monarchia e della Repubblica; dall'Italia di Einaudi a quella di De Gasperi, Togliatti, Nenni e tanti altri politici, ognuno rappresentante di un'idea diversa d'Italia. E in seguito Andreotti, Fanfani, Moro, Craxi, Berlinguer, Prodi: in gran parte tesi a valorizzare se stessi e il loro partito, dimentichi del concetto di Patria, che insieme a quelli di Dio e Famiglia sono i veri pilastri della nostra società, fino all'Italia di Berlusconi, fine dicitore di battute come questa: "San Pietro corre trafelato da Dio e dice: «Signore, non so come regolarmi. È arrivato un grande personaggio...» «E chi sarà mai?» «Berlusconi!» «Impossibile», replica il Padre Eterno: «Berlusconi sono io!»".

In ogni tipo di Italia sono rimasto ancorato a due punti fermi. Primo, mirare in alto (come Berlusconi). Nel mio piccolo mi sono sempre detto: "Se lui è il direttore e comanda, che cosa possiede che io non ho o non posso avere per essere anch'io un capo?" Secondo, assoluta estraneità (a differenza di Berlusconi) alla politica e a movimenti partitici.

Ho compiuto 90 anni in un'Italia in continua lite per il potere, seguendo ammirato un Capo dello Stato, Giorgio Napolitano, messosi in evidenza in politica come esponente stalinista del comunismo italiano e rivelatosi, una volta al Quirinale come Capo dello Stato, il più equilibrato e moderato degli uomini politici italiani del suo tempo.

E d'un tratto, forse senza sapere il perché, in una giornata di sole e nella tranquillità della mia casa, ho deciso di fissare con brevi appunti alcuni momenti della mia esistenza. Ad esempio, quando da ragazzo ho conosciuto il più grande calciatore di quegli anni, Fulvio Bernardini, centromediano della Roma, di classe talmente superiore agli assi del suo tempo che il commissario tecnico, Vittorio Pozzo, non poteva convocarlo nella Nazionale, diventata Campione del mondo (due volte di seguito a distanza di 4 anni), per non creare disarmonie. Questo asso del calcio, che oggi sarebbe andato in giro su una supercar, lo incontro in tram una sera che torno a casa. Lui va in un palazzo vicino al mio, riservato ai ciechi di guerra. Uno di loro è il suo massaggiatore personale.

Fulvio Bernardini (nato il 28 dicembre 1905 e morto il 13 gennaio 1984) è stato una persona molto alla mano. Terminata l'attività di calciatore, si è occupato prima di giornalismo sportivo e poi è diventato allenatore, vincendo uno scudetto con la Fiorentina nel 1956, uno con il Bologna nel '64 e una Coppa Italia con la Lazio nel '58. Dopo quel nostro incontro sul tram, ha voluto che rimanessi sempre in contatto con lui.

Sono squarci della vita spicciola di un Paese singolare, svoltasi nel corso di circa un secolo di cambiamenti di ogni sorta.

Dai tempi della mia infanzia (negli anni Venti) a quelli dell'adolescenza (il periodo prebellico) e più avanti ancora, si sono succedute tante Italie.

Viene in mente quella puritana degli anni Trenta, quando convincere una ragazza a sedersi con te su una panchina è un grande successo amoroso. Del resto, baciarsi in pubblico è ancora un reato, punito con una multa di 10 lire e 10 centesimi.

Nell'Italia formalista dei primi anni post-bellici, alla radio controllano l'uso delle parole, al punto che non si può usare il vocabolo "membro" per indicare un "componente" del governo o di un consiglio di amministrazione. Ricordo che un collega della radio è licenziato perché, nel corso di un dibattito molto acceso, usa il termine "cazzotto".

È un'Italia ingenua che non avrebbe mai immaginato di trasformarsi in un Paese così "disinvolto" da accettare coppie che vivono insieme e prolificano senza essere sposate o da dare importanza a un concorso di bellezza per scegliere il migliore "lato B" d'Italia, quello di una sedicenne accompagnata dal padre. Questi, anzi, tra l'indifferenza generale, non avrà difficoltà a dirsi "orgoglioso" di tanta sculettante figliola. Del resto, questa è l'Italia nel terzo millennio - delle donne "ben fatte" - in cui non sorprende che i genitori di una ragazza, diventata da poco maggiorenne, celebrino un compleanno così importante regalandole i soldi per l'intervento chirurgico che le modellerà il seno a suo piacimento.

Può consolarci quello che Adriana Bazzi ha scritto sul *Corriere della Sera* dell'11 agosto 2011: "Meno aborti per le minorenni italiane rispetto alle coetanee europee: secondo l'ultimo rapporto sulla legge 194, le interruzioni volontarie di gravidanza, nel 2009, sono state 3127 per le under 18 italiane, in calo rispetto agli anni precedenti (mentre sono in aumento tra le straniere). Non solo: le nostre teenager sono anche quelle che hanno meno gravidanze (2500 circa all'anno) rispetto agli altri Paesi europei, Gran Bretagna in testa".

Nella quiete di Foce Verde (Lido di Latina), nel giardino della mia casa al Villaggio dei giornalisti (costituito nel 1969), con gli occhi socchiusi, vedo scorrere le immagini delle diverse Italie vissute in 90 anni intensi e comincio a scrivere qualche nota.

Diverse Italie: della politica, della piccola borghesia, della guerra

Da poco ho compiuto novant'anni e, disteso a prendere il sole, con gli occhi socchiusi, cerco di passare in rassegna la mia esistenza.

Ricordo l'infanzia a Roma, dove mio padre ha ottenuto come insegnante una casa in affitto dal Governatorato (così nella Capitale si chiamava il Municipio) in una zona oggi centrale ma, a quell'epoca, ancora periferica.

La scuola che frequento e dove mio padre insegna è la "Giuseppe Garibaldi". Si trova a un paio di chilometri da casa, che percorriamo insieme a piedi perché non ci sono mezzi pubblici.

È l'Italia della semplicità, che ogni sabato diventa l'Italia del tricolore. Il direttore predispone un drappello di studenti con il labaro della scuola per un omaggio alla Patria da parte degli insegnanti e degli alunni, prima di sciogliersi e andare a casa.

In Inghilterra il sabato non si lavora. È il "sabato inglese", l'odierno weekend. In Italia si inventa il "sabato fascista", che i giovani devono celebrare in divisa: da "balilla" per chi ha dai 6 ai 12 anni, poi da "avanguardista" e infine da "giovane fascista". Per i bambini più piccoli si introduce la divisa da "figlio della lupa".

Per gli universitari si tengono ogni anno i "Littoriali" (dello Sport, del Lavoro, della Cultura e dell'Arte). Tra i vincitori, Pietro Ingrao, divenuto poi giornalista (direttore del quotidiano L'Unità dal 1947 al 1957) e guida dell'ala sinistra del Partito Comunista Italiano (presidente della Camera dei Deputati dal 1976 al 1979). Tra gli altri vincitori divenuti poi famosi Aldo Moro, Gianni Granzotto, Alfonso Gatto e Renato Guttuso.

Questa l'Italia enfatica di allora.

Per partecipare ai Littoriali si deve pronunciare un giuramento: "Combatterò per superare tutte le prove, per conquistare tutti i primati con vigore sui campi agonali, con il sapere negli arenghi scientifici. Combatterò per vincere nel nome di Roma, combatterò come il Duce comanda. Lo giuro".

Per i primi due anni delle elementari l'insegnante è una donna (la mia si chiama Moriconi, persona mite e paziente), per i tre anni successivi si ha un uomo (il mio si chiama Radicchi, uno durissimo, ovviamente scelto da mio padre).

Essendo figlio di un maestro, le bidelle del piano mi coccolano: Bianca, una bella signora dai capelli neri, e Anita, bionda, che ricordo sempre con un dolce sorriso sulle labbra.

In classe con me, nei cinque anni delle elementari, ci sono due compagni che diventeranno famosi. Il primo, Luigi Vettraino, affermatosi fin da ragazzo fra i "pulcini" della Lazio, il 9 ottobre 1938, appena 18enne, esordisce in prima squadra. Nelle due stagioni successive diviene titolare a fianco del fuori classe Silvio Piola (un vero bomber con 364 goal). Luigi lascia il calcio a 27 anni con all'attivo 72 presenze in prima squadra. Quando ci vediamo, nel corso degli anni, scherziamo sempre sul fatto che lui è della Lazio, mentre io tifo per la Roma.

Il secondo personaggio, mio compagno di banco dalla prima alla quinta, è Nino Manfredi (che come nome di battesimo fa Saturnino), destinato a diventare prima interprete di musical con Wanda Osiris (alcuni scritti da Marcello Marchesi), poi sceneggiatore, regista e divo del cinema (interpretando oltre 100 film): uno dei "mostri" della commedia all'italiana con Ugo Tognazzi, Marcello Mastroianni, Walter Chiari, Vittorio Gassman.

Terminato il liceo, mi dice che si iscriverà a giurisprudenza, «perché lo vogliono a casa, ma io voglio fare l'attore». E, dopo la laurea, entra all'Accademia Nazionale d'Arte Drammatica Silvio d'Amico a Roma. I primi passi in teatro li muove nella compagnia teatrale di Vittorio Gassman ed Evi Maltagliati, con Tino Buazzelli.

Lo ritrovo alcuni anni dopo, quando alla RAI, sotto la guida di Marcello Ciorciolini e in collaborazione con il collega del Messaggero, Giancarlo Del Re, presentiamo i testi per un contenitore radiofonico innovativo (la tv non c'è ancora) chiamato Primavera. Nino, appena entro nella stanza di registrazione, mi chiede: «Pierò, che ci fai qui?». È l'occasione per stare un po' insieme. Dopo le prove andiamo a mangiare una pizza. Sta superando faticosamente grosse difficoltà di inserimento. Aspetta che lo chiamino per un film. Mi dice sorridendo: «Fusse che fusse la volta bbona», frase che diventerà uno dei suoi tormentoni d'intonazione ciociara, dalla sua terra d'origine: Castro dei Volsci (in provincia di Frosinone). Nel frattempo, mi racconta, si è sposato con l'ex indossatrice Erminia Ferrari, con la quale avrà tre figli, la produttrice Roberta, il regista Luca e Giovanna. (Avrà anche una quarta figlia da una relazione con una giovane bulgara, Svetlana Bogdanova, conosciuta a Sofia durante le riprese di un film).

Sempre pronto a mettersi in discussione e a mettere in discussione le sue credenze, etiche e religiose, molti anni dopo, una sera, a casa sua - una villa sull'Aventino, a Roma - quando è ormai 77enne, Nino mi dice di sentirsi spesso stanco, di vivere momenti di depressione e di avere perso la fede in Dio.

Negli anni Sessanta, Settanta e oltre, occupandomi io di comunicazione medico-scientifica, ci rivedremo più volte tramite suo fratello Dante, chirurgo oncologo al Regina Elena di Roma e anche lui ex-alunno della "Garibaldi". Dante fonderà l'ALT, l'Associazione Lotta ai Tumori, di cui Nino sarà testimonial. Ai primi del 2000, con una foto di Nino e Dante insieme, dedichiamo all'ALT una copertina del mensile Medici Oggi - periodico che dirigo in quegli anni. Nel settembre 2003, Manfredi ha un collasso cardiaco: seguono nove mesi di alti e bassi vissuti nella sua casa di Roma fino a quando, per un ictus al cervello, muore all'età di 83 anni, il 4 giugno 2004, un anno e 4 mesi dopo Alberto Sordi e 10 anni dopo Massimo Troisi - un altro pezzo di comicità italiana se ne va per sempre.

Dopo le elementari mi iscrivo all'Istituto Tecnico "Leonardo da Vinci", in via Cavour, vicino al Colosseo, a circa tre chilometri da casa, e un paio d'anni dopo sono oggetto di una sorda polemica politica fra mio padre, fascista, e la mia professoressa di lettere, moglie di un liberale contrario al regime e lei stessa antifascista.

Ecco il racconto fedele di quei giorni.

Nel decennale dell'avvento del fascismo si requisisce il Palazzo delle Esposizioni in via Nazionale a Roma per predisporre una mostra sul fascismo. La facciata è trasformata in un'enorme parete rosso-cupo, sulla quale poggiano quattro fasci littori di metallo nero e una grande ascia argentea. Ogni tanto, ai piedi dei fasci, chiamano come guardie d'onore anche i giovani balilla. Tra i molti, anch'io sono chiamato a prestare questo servizio con turni di due ore, mattino e pomeriggio. È un giorno feriale, per cui non vado a scuola e non studio per preparare le lezioni dell'indomani.

Il giorno dopo la professoressa di lettere mi chiama di fianco alla cattedra per interrogarmi, ma non so rispondere e mi rimanda al posto con una brutta insufficienza.

A quei tempi, ogni lunedì si deve consegnare a scuola il diario della settimana precedente e, questa volta, il diario lo scrive mio padre, in termini tali da indurre la professoressa di lettere, consideratasi gravemente offesa, a convocare preside e consiglio dei professori per impartirmi una lezione esemplare: 15 giorni di sospensione (saprò in seguito che ne ha chiesti 30).

Questa, per me, è stata e rimane l'esempio dell'Italia "politica" - ma ne succederanno tante altre.

Una, ad esempio, è quella piccolo-borghese, semplice e pacifica, che lavora i campi e conduce la "battaglia del grano" per assicurare al Paese il pane necessario. E in seguito, durante la guerra, un'altra Italia è la borghese che dona "oro alla Patria", togliendosi dalla mano la fede nuziale. A questo proposito, ricordo che ai tempi fa scalpore la dichiarazione della principessa Torlonia che non si priverà mai della sua e ne comprerà una non benedetta. A Roma, all'inizio di via del Corso, dalla parte di piazza Venezia, di fianco al palazzo di famiglia, c'è una stradina denominata vicolo Torlonia. Per punizione, il Regime dispone che si chiami vicolo della Fede. Il nome originario di quella stradina torna subito nello stradario, appena finita la guerra, quando è nominato primo sindaco di Roma libera, il principe Torlonia. Ricordo che nel discorso d'investitura conquista tutti, rivolgendosi a vincitori e vinti, con la frase in dialetto romanesco: «Volemose bbene!».

Dell'Italia "politica" rammento anche l'11 febbraio 1929, giorno che conclude, con la firma del Concordato, la crisi con il Vaticano, apertasi il 20 settembre 1870 con la breccia di Porta Pia da parte dei bersaglieri del generale Lamarmora. Il Papa, che risiedeva al Quirinale, aveva lasciato la sua sede e si era rinchiuso in Vaticano fino all'arrivo di Mussolini, definito "l'uomo della Provvidenza".

Intanto, l'Italia "semplice" costruisce nuove scuole, nuove stazioni ferroviarie, nuovi uffici postali, bonifica l'Agro Pontino e assegna terreni e case coloniche ai reduci dalla Prima guerra mondiale. È l'Italia dove i treni partono e arrivano in orario (punto d'orgoglio e propaganda del Regime); quella che nel 1931 prepara, con Italo Balbo, la trasvolata atlantica di una formazione di idrovolanti, impresa che regala al nostro Paese un'immagine positiva in tutto il mondo. Si offre così a Mussolini l'occasione per andare in America, dove i nostri emigrati, riconoscenti per l'opera a loro tutela svolta dal governo, lo attendono per osannarlo.

Ma il Duce rinuncia al viaggio. Con un'esperienza del genere, forse, non saremmo caduti nelle braccia di Hitler. Se Mussolini fosse andato negli Stati Uniti, gli sarebbe bastata una fugace visita a Detroit, la capitale dell'automobile, per rendersi conto della potenza di quel Paese.

L'Italia "aeronautica", in questo periodo, ci regala un tocco di modernità e il regime sfrutta le imprese come quella del maresciallo Francesco Agello che, il 23 ottobre 1934, vince la Coppa Schneider, ultima idrocorsa del mondo, pilotando un Macchi a 710 chilometri orari, record mondiale di velocità per idrovolanti, tutt'ora imbattuto. Non a caso, forse, i due figli maggiori di Mussolini, Vittorio e Bruno, diventano ufficiali d'aviazione. Il primo, appassionato di produzione cinematografica, tenta invano di stabilire rapporti commerciali con Hollywood (si presenta persino alla MGM, dove uno dei proprietari, ebreo, non lo riceve neppure, essendo a conoscenza delle leggi razziali fasciste). Bruno, l'altro figlio di Mussolini, pilota militare a 17 anni (il più giovane d'Italia), dopo aver costituito una squadriglia d'avanguardia, chiamata I Sorci Verdi, muore in un incidente per un guasto all'aereo che sta pilotando.

E c'è anche un'Italia "ambiziosa" che, alla periferia di Roma, costruisce Cinecittà, la futura Hollywood sul Tevere - come sarà soprannominata dopo la fine della Seconda guerra mondiale.

Ma, a fianco di questo Paese semplice, un po' ingenuo e molto contadino, marcia già un'Italia "demenziale", malata di megalomania: l'invasione dell'Abissinia (punita a Ginevra dalla Società delle Nazioni con le sanzioni economiche), l'occupazione dell'Albania e la costruzione a Tirana di alberghi e grandi edifici per fare felici questo e quel gerarca... In questi anni assistiamo, passo dopo passo, all'emanazione delle aberranti leggi razziali, per cui compagni di studio ebrei sono allontanati dalla scuola e ufficiali di origine ebraica, combattenti della Prima guerra mondiale, vengono privati del loro grado. Ma anche al rigetto delle parole straniere come *coiffeur*, o all'obbligo per l'Inter - abbreviazione di Internazionale e, quindi, nome che rimanda a un contesto social-comunista - di trasformarsi, prima, in Società Sportiva Ambrosiana e, poi, in Ambrosiana-Inter (fino al 1945).

A ogni ricorrenza l'alta gerarchia fascista fa sfilare, lungo via Nazionale a Roma, un plotone di impettiti giovanotti in divisa vistosa, con stivali, colbacco, pastrano lungo fino alle caviglie e doppia abbottonatura argentea, che parte dalle spalle per arrivare al bordo inferiore del cappotto. Sono i cosiddetti "Moschettieri del Duce". Nella Roma bene, i giovani fanno a gara per entrare in questo corpo speciale, che però scompare "magicamente" al momento di entrare in azione, il 25 luglio 1943, quando Mussolini è deposto.

Il Fascismo è un autentico serbatoio di idee singolari e grandiose. Idee singolari: nel 1937 Mussolini abolisce il Capodanno. In Italia, il nuovo anno non comincerà più il 1° gennaio, ma il 28 ottobre, ricorrenza della marcia su Roma (1922); nel frattempo era stato abolito il 1° maggio come Festa del Lavoro , che per il fascismo aveva una connotazione comunista. L'Italia fascista l'avrebbe celebrata il 21 aprile, ricorrenza della fondazione di Roma. Idee grandiose come l'EUR42 (acronimo di Esposizione Universale di Roma-1942). È la fine degli anni 30 e la Seconda guerra mondiale scoppierà nel settembre '39: ma chi potrebbe immaginare che durerà tanto? Per realizzare l'Eur - un quartiere totalmente nuovo - i lavori sono portati avanti celermente, e si decide di realizzare anche, in contrasto con la basilica dei SS. Pietro e Paolo, il Palazzo della Civiltà, il cosiddetto "Colosseo Quadrato", simbolo della laicità. A opera finita si scopre però che questo sopravanza in altezza, sia pure di poco, la basilica-simbolo della religione cattolica, una mancanza di riguardo nei confronti del Vaticano. Si riparerà in tutta fretta aggiungendo un "cappuccio" alla cupola e ristabilendo così le giuste distanze. Il complesso monumentale degli edifici dell'EUR è terminato solo dopo il 25 aprile 1945, data ufficiale - per noi italiani - della fine della Seconda guerra mondiale.

Ma torniamo indietro di qualche anno: ricordo, ad esempio, l'Italia "spettacolare" della visita di Hitler nel 1938.

Arrivo in treno alla stazione Ostiense (tutta rifatta in marmo bianco, ma finto: sarà completata con marmo vero qualche anno dopo). Il percorso del corteo si snoda lungo via Ostiense, via dei Trionfi, Arco di Costantino, il Colosseo, via dell'Impero (oggi via dei Fori Imperiali), piazza

Venezia, fino al Quirinale - dove Hitler è ospitato in qualità di Capo di Stato. Roma è addobbata come per i trionfi di Augusto: tutto un succedersi di grandi giochi di luci e costruzioni temporanee, come i giganteschi tripodi dai quali si elevano fiamme di gas.

Per fortuna, il senso dell'umorismo non viene mai meno. In giro, si racconta questa barzelletta: "Il re va al Quirinale e chiede di Hitler. Gli dicono che è uscito con Mussolini. «E dove sono andati?» Gli rispondono: «A fare due paZZi per Roma»".

Tutto fa pensare a un'Italia serena, pulita e integra. Invece, l'illecito è tenuto semplicemente nascosto, coperto dal più rigoroso silenzio. La stampa è controllata dal Ministero della Cultura Popolare con la quotidiana, puntuale distribuzione delle "veline" dattiloscritte alla segreteria di redazione dei giornali per impartire istruzioni su come interpretare questa e quella notizia.

Nel 2011, la rubrica del Tg3 La Grande Storia, con un titolo singolare: Mussolini: Soldi, Sesso e Segreti, dà un inedito ritratto del Ventennio. Documenti fin qui sconosciuti, loschi affari di governo, speculazioni, truffe, carriere strepitose e inspiegabili, in breve i panni sporchi del Regime. E poi il sesso come strumento di potere, dal talamo nuziale all'alcova del bordello (perché all'epoca ci sono ancora le cosiddette case chiuse). Ovunque l'orecchio dei servizi segreti è in ascolto, specialmente l'OVRA, la polizia segreta dell'Italia fascista, per la vigilanza e la repressione di organizzazioni sovversive, giornali contro il Regime e gruppi di stranieri. (Ovra, secondo alcuni, non è un acronimo, ma un nome di fantasia che piace a Mussolini; secondo altri è una sigla, peraltro soggetta a varie interpretazioni, come Opera Volontaria per la Repressione dell'Antifascismo, oppure Organizzazione di Vigilanza e Repressione dell'Antifascismo, ovvero Organo di Vigilanza dei Reati Antistatali).

Insomma, un'Italia non molto diversa da quella del terzo millennio: tutti contro tutti. Gerarca contro gerarca, amante contro amante, l'accusa di omosessualità come arma politica.

Su tutti Mussolini domina, controlla, punisce, muove le sue pedine, anche contro la Casa Reale e il chiacchierato Principe Umberto (il Principe di Piemonte, alto e slanciato, come la madre, la regina Elena di Montenegro, scelta per compensare la bassa statura di re Vittorio Emanuele III), un bel giovane che si dice "assatanato" di sesso femminile.

E poi le donne del Duce, i figli veri e presunti, i figli riconosciuti e quelli lasciati morire. Segreti di alcova e non solo. Dall'astuto legame con la massoneria agli occulti finanziamenti della Francia. Dal tentativo di inglobare nel partito lo stravagante poeta Gabriele D'Annunzio (che durante la Prima guerra mondiale aveva sorvolato indisturbato Vienna con un aereo monoposto, lanciando sulla città indifesa, invece di bombe, innocui volantini) agli accordi con gli industriali, dalle leggi *ad personam* ai conflitti d'interesse, alla promessa di nuove guerre, per nuove armi e nuovi lucrosi affari. Fino al colpo di scena finale, l'ultimo segreto, solo da poco svelato: quando la partita sembra ormai persa, Mussolini trasferisce tre milioni di dollari all'estero. È l'ammissione che la sconfitta è vicina, quasi un'assicurazione sulla vita dopo la disfatta.

Nella stessa rubrica, sotto il titolo Cartoline del Ventennio, Rai3 presenta un altro film-documentario decisamente originale. Trovo infatti interessante che il racconto di quegli anni così drammatici della nostra storia abbia per protagonisti uomini e donne comuni, mentre i tragici detentori del potere scorrono come in filigrana sullo sfondo del racconto.

È l'Italia piccolo-borghese degli impiegati, sempre in giacca e cravatta, e delle segretarie, vestite in modo castigato, mai con scollature che mettano in mostra mezzo seno. L'Italia che viaggia con i treni popolari; che, non potendo andare in villeggiatura, manda al mare i figli presso le colonie (ricordo che, con le colonie marine dei figli dei maestri, mi reco anch'io prima a Formia, poi a Salerno e infine in Dalmazia, a Zara). L'Italia che si diverte con gli spettacoli di un teatro viaggiante, il Carro di Tespi (dal nome del poeta ateniese del VI secolo, inventore della tragedia greca). L'Italia che copia gli abiti eleganti dei divi del cinema (nei negozi è ignoto il concetto di abbigliamento griffato), che sogna di avere "mille lire al mese" e a questo tema dedica una canzone diventata popolare grazie al film omonimo, interpretato da Umberto De Sica.

Un'epoca vista da una prospettiva più intima e familiare, con le immagini dell'Istituto Luce, appositamente scelte per essere presentate nei cinema come sintesi della vita nazionale, ignorando totalmente la cronaca nera (nei quotidiani, ad esempio, è proibito dare notizia dei suicidi). Uno scenario ben diverso da quello che vediamo ogni giorno - e più volte - alla televisione, con i telegiornali ideati quasi fossero solo un contenitore di cattive notizie.

Un bancario mancato

In questi giorni di canicola estiva, ascolto le notizie sugli adolescenti di oggi, impegnati negli esami di maturità.

Nel luglio del 1939, quando affronto io questo esame, la televisione non esiste e i quotidiani ignorano l'argomento. Gli esaminandi devono essere pronti a rispondere sui programmi di tutte le materie studiate negli anni di liceo o del corso di studi seguito, e devono indossare un abbigliamento appropriato. Alle ragazze è espressamente richiesto "un abito sobrio". Alcuni licei impongono ai maschi di presentarsi davanti agli esaminatori in giacca e cravatta. L'esame di maturità è un evento sociale e culturale importante, una svolta nella vita, ma la stampa non se ne occupa.

Per quanto mi riguarda, siamo arrivati alla maturità in 13. Al primo anno di liceo eravamo 42 ma, alla fine di ogni anno scolastico, la selezione è stata molto dura.

Per la maturità ci si prepara studiando anche di notte, tenendosi svegli con una compressa di Simpamina.

Per i giovani di famiglie abbienti è semplicemente un momento di transito per l'università e, per gli altri, anche se continueranno a studiare, è l'occasione preziosa per entrare in possesso di un "pezzo di carta" utile per procurarsi un posto di lavoro con cui finanziarsi l'università o per cominciare a mettere da parte i soldi per il matrimonio.

La vita degli Italiani di allora è impostata così.

Ricordo di essere stato rimandato in italiano. Mi avevano dato 9 allo scritto, ma all'orale sono una frana. L'esaminatore mi pone una domanda apparentemente ingenua, chiedendomi: «Mi racconti I Promessi Sposi». E io: «Il Manzoni...», ma mi sento subito interrompere: «Le ho chiesto di raccontarmi I Promessi Sposi, avanti...». Questo dialogo fra sordi va avanti ancora con un paio di battute identiche, mentre mi imballo sempre più, tanto che l'esaminatore mi consiglia di andare a una vicina finestra per rilassarmi; ma ormai sono sfasato, non capisco più niente e quando mi richiama non riesco a spiacciare una sola parola, per cui mi rimanda a ottobre. Alla sua domanda avrei dovuto rispondere più o meno così: «Un giorno, lungo un ramo del lago di Como, un sacerdote, Don Abbondio...» e via discorrendo. In altre parole, avrei dovuto raccontare la trama del romanzo come un vero reporter. E dire che quello era il mestiere al quale pensavo già da qualche anno.

Ottenuto il diploma, mi iscrivo a Scienze politiche, facoltà appena istituita, che mi ha attratto come era avvenuto quando, dopo le medie inferiori, mi ero orientato verso il neo-liceo scientifico "Cavour", il primo aperto a Roma. E all'università, per essere in armonia con il mio intento di ricercare il nuovo, a fianco della lingua straniera fondamentale, l'inglese, scelgo come complementare il giapponese. Del resto, nell'Italia dell'epoca, il Giappone è popolare per via del patto tripartito con l'Italia e la Germania.

Nella mia famiglia siamo in quattro fratelli, dei quali io sono il primogenito. Mio padre, insegnante elementare, arrotonda lo stipendio scrivendo come corrispondente da Albano articoli per la pagina di provincia del quotidiano Il Popolo di Roma e insegnando alle scuole serali per i lavoratori che hanno bisogno della licenza di terza o di quinta elementare, ma soprattutto nel pomeriggio con le lezioni private (a quel tempo si è ammessi alle medie inferiori previo un esame di Stato e questo richiede un'apposita preparazione, soprattutto per l'analisi logica). Di quando in quando, faccio l'assistente di mio padre, se gli studenti sono più di sei.

Comincio a frequentare regolarmente l'università quando, nel settembre 1939, la Germania fa scoppiare la Seconda guerra mondiale.

L'Italia rimane neutrale per qualche mese. Tuttavia mio padre è richiamato come camicia nera e assegnato a una batteria antiaerea - senza un giorno di addestramento e senza compenso. Volontario dall'alto.

Io sono perciò costretto a cercare un posto per portare a casa qualche soldo. Mi presento alla Banca Nazionale del Lavoro, dove mesi prima è stato assunto un mio amico, e chiedo di parlare con il capo del personale. Con mia sorpresa sono ricevuto subito. Lui è un signore dall'apparenza gioviale, il cavaliere Ninci. Gli dico che ho bisogno di lavorare senza raccomandazioni, ma se saranno necessarie me le procurerò. Mi pone qualche domanda e mi congeda con un sorriso benevolo, direi paterno, e una forte stretta di mano, promettendomi di rivederci presto. E così sarà. Dopo un paio di settimane ricevo a casa l'invito a presentarmi all'ufficio del personale della Banca Nazionale del Lavoro in via del Corso. L'indomani mattina prendo servizio all'ufficio archivio che, mi dicono, è uno dei punti di partenza per intraprendere la carriera in banca.

Interrompo la frequenza all'università - e su come andranno le cose in questo campo tornerò più avanti.

Il lavoro di archivio è stucchevole, però i colleghi sono molto simpatici. Intanto, continuo a pensare al giornalismo. Già al liceo avevo pubblicato qualche articolo "di colore" sulla pagina di provincia del Popolo di Roma. Scrivevo i pezzi durante le vacanze estive, nella grande cucina della casa dei nonni paterni, quasi sempre di notte, quando tutti erano andati a dormire, con la finestra spalancata per fare entrare un po' di fresco (allora, l'aria condizionata era qualcosa di sconosciuto). Solo in quelle ore posso concentrarmi nel silenzio più assoluto, rotto soltanto dal rotolare sui selci delle ruote dei carretti che viaggiano tutta la notte per portare a trattorie e facoltosi privati della Capitale i barili del pregiato vino dei Castelli Romani. Riesco anche a piazzare un articolo particolare sul quotidiano Il Piccolo, che esce nella capitale a mezzogiorno, portato in centro da uno sciame di "strilloni" - quei ragazzi immortalati in film dell'epoca, come M il Mostro di Düsseldorf di Fritz Lang.

Si tratta di un'intervista a Italo Rossignoli, per tanti anni autista di Gabriele d'Annunzio, trasferitosi poi ad Albano, dove ha istituito un servizio di corriera con Anzio. Mio padre lo conosce e io lo intervisto.

Intanto, nell'ambito universitario, cioè nei GUF (Gruppi Universitari Fascisti) ci diciamo che, nonostante Mussolini sia al potere da quasi vent'anni, la tanto declamata "rivoluzione fascista" non si è ancora vista. Al contrario, abbondano i favoritismi per i gerarchi e i loro figli. Alcuni di loro, nel frattempo, hanno fatto una puntata ad Addis Abeba durante la guerra d'Etiopia e sono tornati con una medaglia al valore.

Inspiegabilmente mio padre è congedato e io, che sto lavorando, piuttosto frustrato, in banca, venuta a mancare l'esigenza pressante di un mio contributo al bilancio familiare, penso di dedicarmi alla Patria, presentando al Distretto militare di Roma domanda di volontario come soldato semplice, rinunciando al diritto di essere ammesso con il mio titolo di studio a una scuola allievi ufficiali. La mia domanda è accolta e mi dimetto dalla banca. Dopo la fine della guerra mi proporranno la riassunzione, ma a quel punto starò inseguendo un posto nel giornalismo e declinerò la preziosa offerta.

Aspirante cantante
poi diva del cinema

La sequenza successiva di questa personale carrellata retrospettiva ci riporta all'inizio della guerra. È la convocazione degli studenti volontari sulla piazza centrale della Città universitaria di Roma, davanti alla statua di Minerva.

Ecco la Capitale d'Italia, l'Urbe, epicentro del regime, rappresentata da uno sparuto, ridicolo gruppo di giovanotti. In tutto 85. Roma, città guida del regime, non produce gran che. All'epoca, gli iscritti all'università di Roma, compresi i fuori corso, sono appena cinquemila, ma 85 volontari sembrano davvero pochi. La cosa infastidisce molto i gerarchi e, pochi mesi dopo, le autorità prenderanno misure severe: tutti gli studenti maschi nati fra il 1919 e il 1921 andranno sotto le armi come "volontari". In tal modo Roma passa al primo posto nella classifica delle città italiane che danno "volontari" alla Patria e i gerarchi della Capitale possono pavoneggiarsene. I "volontari" seguiranno un corso per acquisire il grado di sergente, e poi, se lo vorranno, potranno chiedere di entrare in una scuola per allievi ufficiali.

Intanto io, come soldato semplice volontario, sono assegnato all'83° reggimento di fanteria con sede a Pistoia.

Non mi ci vuole molto per rendermi conto dell'incoscienza dei nostri governanti nell'aver trascinato in guerra, praticamente contro tutto il mondo, un Paese come il nostro, privo di mezzi, che dota i suoi soldati di una divisa e di un corredo rozzo e incompleto (ad esempio, un solo farsetto a maglia e una pancera senza ricambio, e nessuna divisa estiva), e di armi antiquate, come il fucile d'ordinanza che risale al 1891 e può sparare soltanto un colpo per volta. A ogni tiro deve essere ricaricato. Per non parlare degli alimenti: poveri e senza fantasia. Circola questa battuta: "Il generale decide di assaggiare il rancio e gli passano un cucchiaio della zuppa che sta per essere distribuita ai soldati. Il generale assaggia, fa una smorfia e dice: «Buona…». E subito dopo aggiunge sottovoce: «Sì, ottima per la truppa».

Il passaggio dalla condizione di soldato semplice a quella di allievo sergente non cambia molto la nostra quotidianità. A casa si vive condizionati da razionamenti d'ogni genere. Le madri spesso devono uscire di casa prima delle cinque del mattino per assicurarsi un posto nella coda dall'erbivendolo e dal carbonaio (in molte famiglie si rinuncia al gas per risparmiare) per avere la garanzia di trovare le patate o il carbone quando arriva il proprio turno.

Capita raramente di dover mangiare fuori (i panini al bar sono oggetti sconosciuti), e il razionamento, soprattutto della carne - che non si può certo servire tutti i giorni - impone di diventare complici dell'oste: accettare una bistecchina (proveniente dal mercato nero), nascosta sotto una foglia di insalata, da mangiare in tutta fretta per far scomparire "il corpo del reato".

Dopo sei mesi, superati gli esami da sergente, presento domanda di ammissione alla Scuola Allievi Ufficiali di Ravenna, per la fanteria motorizzata, consapevole che non sarà facile esservi accettati. Intanto, come sergente, sono assegnato al mio reggimento a Pistoia. Un'autentica fortuna perché, nel frattempo, sono diventato amico del maresciallo addetto all'approvvigionamento dei viveri e, suo tramite, riesco a spedire segretamente alla mia famiglia a Roma una cassetta con su stampato "libri" ma, in realtà, zeppa di viveri. Scrivo ai miei preannunciando l'arrivo, tra l'altro, di un "siluro", una mortadella intera, vale a dire una ricchezza in un'epoca in cui tutto è razionato e, per procurare alla famiglia qualcosa in più rispetto a quanto stabilito dalla tessera annonaria, bisogna avere non soltanto soldi, ma anche fantasia e fortuna.

Purtroppo, qualche tempo dopo contraggo una grave bronchite con coinvolgimento pleurico e sono ricoverato all'ospedale militare di Firenze. Guarisco presto e mi rispediscono a casa con un certificato che mi assegna tre mesi di convalescenza. Siamo all'inizio dell'estate del '41: raggiungo la casa dei nonni materni ad Albano, dove si sono trasferiti anche i miei. È un piacere ritrovare i vecchi amici, in particolare Virgilio Savona, bravo pianista e cantante, con il quale l'anno precedente, insieme con altri talenti, avevo organizzato, come presentatore, spettacoli nelle ville estive di facoltosi commercianti romani. Un lavoro per procurarci qualche soldo.

Savona e io siamo accomunati dalla passione per il giornalismo. In questo periodo lui sta tentando la strada del critico musicale, pubblicando recensioni sul Giornale dello Spettacolo, Fronte Unico e altre testate. Ma la sua grande passione è suonare il pianoforte, cantare e far cantare. Una sera prova persino con me. Più che un flop è un disastro - sono più stonato di una campana. Accantoniamo l'idea e non ci torniamo più sopra.

Il 1941 è anche l'anno del Quartetto Cetra, nato dal precedente Quartetto Ritmo. Nel '42 Enrico De Angeli lascia il gruppo perché chiamato sotto le armi, ed è sostituito da Lucia Mannucci.

Ma chi è Antonio Virgilio Savona? Posso dire che dimostra sin dall'infanzia il suo talento musicale. Nato a Palermo il 21 dicembre 1919, ma registrato all'anagrafe il 1° gennaio 1920 (pratica in uso nel passato, soprattutto nel caso dei maschi nati a fine anno per ritardarne la chiamata alle armi), a sei anni comincia a studiare musica e due anni dopo entra in un coro. A dieci esordisce alla radio, suonando un brano al pianoforte. Terminato a Roma il liceo, si iscrive al Conservatorio di Santa Cecilia, nel 1937. Ha interessi di vario tipo, con particolare riguardo per i canti popolari e puntate nel mondo della religione. All'inizio degli anni Settanta, mi confida che intende riprendere (cosa che farà nel 1972) l'atto d'accusa contro la religione cristiana del prete materialista e rivoluzionario francese Jean Meslier (1664-1729), autore del brano intitolato La Merda.

Nel frattempo, Savona, con la fidanzata Lucia Mannucci - si sposeranno nel '44 - e altri due cantanti, Tata Giacobetti e Felice Chiusano, formano il Quartetto Cetra, destinato a diventare una bandiera della musica leggera nazionale.

Ammaestrato dall'esperienza dell'estate precedente e avendo di fronte tre mesi pieni di libertà riesco a organizzare, sempre come presentatore, spettacoli per dilettanti ad Albano, Frascati e Velletri. Un successo dopo l'altro.

Poi, verso la fine di settembre, mi arriva la conferma che sono stato ammesso alla Scuola Allievi Ufficiali di Ravenna. Mi presento subito all'Ospedale militare del Celio a Roma per farmi autorizzare a rinunciare al mese di convalescenza che ancora mi spetta, il che lascia incredulo l'ufficiale medico di servizio. Entro nell'ambita Scuola Allievi Ufficiali di Ravenna e circa sei mesi dopo sono assegnato a Vicenza al 57° Reggimento di Fanteria Motorizzata con il grado di sottotenente. Ho tanta voglia di guidare un mezzo militare (peccato che scopra subito che è impossibile perché manca la benzina) e di andare al fronte in Africa (ma, altra disillusione, capirò presto che il 57° fa parte della "Piave", Divisione "modello", zeppa di raccomandati, quindi tenuta lontana da zone a rischio). In questo reggimento speciale, io, che volevo tanto fare l'eroe, sono assegnato al Reparto Complementi, vale a dire l'insieme di uomini e mezzi di riserva, ai quali attingere per rimpiazzare gli eventuali vuoti causati dalla guerra nei reparti di prima linea e, nel Reparto Complementi, mi ritrovo al comando centrale. Un giorno durante una marcia, noi ufficiali siamo tenuti a disporre i cannoni controcarro per fronteggiare un ipotetico attacco e a descrivere questa sistemazione con uno schizzo panoramico. Essendo particolarmente versato nel disegno artistico - alla maturità avevo preso 9 - realizzo velocemente quanto richiesto, tracciando un bel bozzetto, che induce il comandante del Reparto a chiedermi di tenere due lezioni - una ai sottufficiali e una agli ufficiali - su come si disegna un bozzetto panoramico. Assolto questo compito, sono assegnato in via permanente al comando.

Mentre sui vari fronti in Europa e in Africa imperversa la guerra con gravi perdite per le forze dell'Asse, la nostra Divisione si trasferisce spesso in luoghi ameni. Io ricevo l'incarico di furiere di alloggiamento - ossia ricercare di alloggi per ufficiali e truppa e per la sistemazione dei mezzi (autoveicoli, armi, cucine, ecc.) - in varie località, inclusa Le Luc le Cannet, in Francia, immediatamente a nord della Costa Azzurra. Infine, all'inizio dell'estate del '43, arriviamo sulla collina di Subiaco, sede del monastero di San Benedetto.

Bisogna ammettere che la cittadina non offre granché ai circa mille militari, per cui il Comando mi affida l'incarico di organizzare il "Villaggio del Soldato", un insieme di stand tipo mini luna park - cioè tiro a segno e roba del genere - per le ore di libera uscita nei giorni feriali e uno spettacolo per dilettanti la domenica pomeriggio, condotto da me come presentatore.

Siamo a Subiaco da circa una settimana quando una sera, uscendo dalla mensa ufficiali, allestita in un locale del corso, vedo due belle ragazze, una delle quali, Giuliana, mi colpisce in modo particolare. Le invito la domenica pomeriggio allo spettacolo che condurrò al "Villaggio del Soldato", arricchito dall'inattesa partecipazione del più famoso baritono del momento, Tito Gobbi. Ma torniamo un attimo indietro: vengo a sapere che Gobbi è a Subiaco da sfollato con la moglie e una bambina, vado a salutarlo e lo invito a cantare per i nostri soldati. Lui accetta subito e si dichiara disponibile tutte le domeniche pomeriggio, se sarà libero.

Lo spettacolo è un successo che mi galvanizza anche perché sono presenti Giuliana e la sua amica, che mi chiede di cantare. La rassicuro senza indugi: l'indomani faremo una prova a casa del maestro di musica, che ci procura il pianoforte per gli spettacoli al nostro "Villaggio del Soldato". La ragazza si presenta con gli spartiti di tre canzoni, delle quali ricordo soltanto Torna a Sorrento. Indossa una camiciola bianca con le maniche lunghe e una gonna scura a pieghe, con orlo sotto il ginocchio. Mostra un carattere ambizioso, combattivo. Ha grandi occhi scuri che colpiscono, tanto che le dico: «Più che la cantante, dovresti provare a fare l'attrice». E lei: «Ogni tanto ci penso, ma a Subiaco ho poche speranze. Mio padre (si occupava di mobili), con la guerra, ha perso tutto. E pensa di trasferirci tutti a Roma. Là sarà un'altra cosa!». Il provino va bene e le domeniche successive torna per esibirsi prima di Tito Gobbi.

Il suo nome? Gina Lollobrigida (per esattezza, Luigina). Ha solo 16 anni, essendo nata il 4 luglio 1927, ma riceve applausi calorosi e così proseguiamo per alcune domeniche, fino a quando "scoppia" l'8 settembre, con l'inopinata firma dell'armistizio fra Italia e Alleati, che mette in crisi l'esercito italiano e, quindi, anche noi del Reparto Complementi - come racconterò più avanti.

Ma prima di chiudere questa sequenza - giustamente "cinematografica" - della mia vita, desidero aggiungere qualche notizia sulle due giovani amiche di Subiaco. Giuliana, che ha solo 17 anni quando la incontro per la prima volta (era nata il 17 settembre 1925), diventa mia moglie il 30 aprile 1950 - Anno Santo. Avremo tre figli, dei quali due gemelli. Pochi mesi dopo la ricorrenza delle nostre nozze d'argento, mi lascerà per un tumore - quando non ha ancora cinquant'anni.

Quanto a Gina, dissoltosi l'esercito e lasciata Subiaco, la rivedrò un paio d'anni dopo la fine della guerra.

Ci incontriamo per caso. Nel frattempo, si è iscritta a Belle Arti e mette insieme qualche soldo andando nei ristoranti famosi a fare caricature dei clienti con il carboncino, un estro artistico che manifesterà poi come fotografa e come scultrice. Mi dice che sta cercando di entrare nel cinema - ha girato qualche scena per fotoromanzi con lo pseudonimo di Diana Loris e una volta l'ha scelta Silvana Pampanini, diva del momento, per girare un paio di scene in un film. La sta aiutando il suo ragazzo, Mirko Skofic, un medico slovacco che presta servizio a Cinecittà, dove è stata data accoglienza a molti profughi dell'area balcanica. Si sposeranno nel 1957 e avranno subito un figlio, Mirko jr.

Qualche giorno dopo farò venire Gina e il suo ragazzo all'Associated Press, l'agenzia di stampa americana più grande del mondo, dove ho cominciato a lavorare, per affidarli a un mio collega del reparto fotografico, che inventerà uno spunto per ritrarla e fare girare il servizio nella nostra rete internazionale. Poi, nel 1947, Gina parteciperà al concorso di Miss Italia, classificandosi terza dopo Lucia Bosè e Gianna Maria Canalis.

La rivedrò nell'estate del '53, a Castel San Pietro Romano, il paesino 20 km a sud-est di Roma, dove porto in villeggiatura la famiglia e dove lei sta girando Pane, Amore e Fantasia, diretto da Luigi Comencini, il film che la trasformerà in una diva cinematografica. Abbiamo appena il tempo per una fugace rimpatriata con la sua amica Giuliana. Sul set, Vittorio De Sica, interprete principale attorno al quale ruota tutta la squadra, è severissimo, intransigente sulla concentrazione di chi lavora con lui e non concede spazi per distrazioni.

Diventerà famosa come diva del cinema e maggiorata fisica. In Germania, le ferrovie tedesche chiameranno "Lollo" un nuovo modello di locomotiva dalle forme particolarmente sinuose.

Un breve inciso: in questo periodo, nella seconda metà degli anni 50, tra Roma e Milano, fa fino viaggiare sul Settebello, un treno speciale arredato con grande stile, che però vibra a tal punto che alcune persone lamentano il mal di treno. Alle 13 e alle 20, per mangiare, i viaggiatori di prima classe non devono lasciare il loro posto perché il treno si trasforma in un grande ristorante dove si serve sempre carne con i piselli. La curiosità è che, a causa del dondolio, i passeggeri sono costretti a infilzare i piselli uno a uno. Durante questi viaggi, una volta mi capita di sedere di fronte a una figura politica della quale un giorno sentiremo molto parlare: un esponente di primo piano del Partito Comunista Italiano,

Giorgio Napolitano. Io ho con me la mazzetta dei quotidiani che ogni giornalista porta con sé quando affronta un lungo viaggio, soprattutto quando parte al mattino. Dai giornali tiro fuori, e distendo sul tavolinetto davanti a me, l'Unità, il quotidiano del PCI, e noto che sul volto di Napolitano appare il sorriso...

Ma prima di chiudere, ancora una curiosità che merita di essere annotata. Torniamo a Castel San Pietro Romano, dove si gira Pane, Amore e Fantasia e dove mi reco in vacanza in questi anni. Sindaco del paese è un vecchio collega giornalista, Porry Pastorel (1888-1950), fotoreporter rimasto nella storia della professione come il padre del fotogiornalismo italiano. Nato da una famiglia cosmopolita - nonno francese, nonna inglese - quanto mai intraprendente, ha costituito l'agenzia Vedo. Quando, nel 1938, Hitler viene in Italia, in suo onore, nel golfo di Napoli si predispone una manovra navale. A bordo dell'incrociatore ove si trovano il re e Hitler (Mussolini non è presente perché la manifestazione è in onore dei due Capi di Stato), è ammesso un ristretto numero di giornalisti e di fotoreporter. Imbarcati al mattino, i corrispondenti potranno trasmettere da bordo i loro articoli per telegrafo. I fotoreporter, invece, dovranno attendere la sera per scendere a terra e sviluppare le loro foto. Porry Pastorel batterà tutti, affidando il suo rollino alle zampe di un piccione viaggiatore che ha portato segretamente da Roma.

Dalla Resistenza
a collaborazionista

La prossima sequenza ci porta a compiere un passo indietro nella cronaca della mia vita. Riguarda l'Italia della confusione e dello sfascio.

Gli alleati sbarcano nel Sud e il 25 luglio 1943 il Gran Consiglio depone Benito Mussolini. Il re lo ha fatto condurre presso di sé, a Villa Savoia, dove è arrestato e portato segretamente con un'ambulanza sul Gran Sasso. Qui, il suo amico Adolf Hitler, poco dopo, lo farà liberare e trasferire in Germania al suo quartier generale, premessa dell'istituzione della Repubblica Sociale Italiana con sede sulle rive del Garda, a Salò.

La mattina dell'11 settembre 1943 sono nel mio ufficio al Comando del 10° Reparto Complementi, da dove tento di rintracciare il nostro comandante, scomparso dopo la dichiarazione di Badoglio che la guerra continuerà "secondo la parola data" e la fuga del re e dello stesso Badoglio con una nave militare in Puglia.

Per telefono giungono notizie sconcertanti. Qua e là reparti dell'esercito italiano si sgretolavano.

Noi, nella pacifica Subiaco, siamo abbandonati a noi stessi.

Quella mattina sono arrivato alla sede del Comando più presto del solito e ho cominciato a telefonare a colleghi della Divisone Piave dislocati altrove, a loro volta privi di istruzioni dai superiori.

A un certo momento, ricevo una telefonata del tutto imprevista. Viene dalla centrale elettrica a monte di Subiaco. Una voce concitata mi avverte che sta arrivando una pattuglia di tedeschi. Chiamo immediatamente i soldati in servizio al Comando, una decina, e dico loro di non farsi disarmare. Quando i tedeschi arrivano si dividono in due gruppi: uno, più numeroso, va a disarmare il grosso del reparto; gli altri, cinque o sei soldati con un ufficiale, si avviano - mitra alla mano - in direzione del Comando. Noi non vogliamo assolutamente farci disarmare. A scopo intimidatorio, sparo alcuni colpi di pistola in aria e loro si ritirano. Tornano però poco dopo, più numerosi. Nel frattempo arriva il nostro aiutante maggiore, il capitano Pelleri, con la fondina della pistola vuota, accompagnato da due soldati pure disarmati, e mi ordina di seguirlo se non voglio essere fucilato. Intanto, gli altri soldati che ho raccolto intorno a me si sono squagliati. Rispondo: «Io non mi faccio disarmare», e pianto lì il capitano. Di corsa mi allontano verso l'uscita del paese. Di fronte a una villetta, una signora mi chiama, mi fa entrare in casa e mi presta degli abiti borghesi del figlio, che è al fronte in Africa, facendomi poi scendere in cantina. Poco dopo la sento dire a un militare tedesco che mi cerca di non aver visto nessuno.

Senza di lei, oggi a Subiaco ci sarebbe una piazza dedicata a Bruno Pieroni, martire della Resistenza.

I tedeschi ripartono con tutti i militari italiani che sono riusciti a disarmare. Io mi salvo.

Quando torno con la memoria a quei giorni mi rammarico di non aver annotato il nome della signora, alla quale debbo la vita.

Quella sera vado a dormire al convento dei benedettini, dove rimango tre giorni, durante i quali rivedo Giuliana, che sta tornando a Roma - dove mi riprometto di andare a trovarla.

Rientro a casa con una valigetta, in cui c'è la divisa e poc'altro. Raggiungo a piedi Mandela, poi proseguo senza biglietto in un vagone vuoto di un treno merci diretto alla capitale. A Roma, vado subito a trovare Giuliana, che è rientrata da poco. Rivedo qualche amico della Divisione Piave e vengo così a sapere che nei giorni successivi ci ricostituiremo come Corpo speciale di polizia per la capitale, con sede presso una caserma dove mi reco subito per dare un'occhiata. Con l'occasione passo per un saluto da mio cugino Giorgio, molto più anziano di me, pilota, che non è stato richiamato. Abita lì vicino e gli racconto che cosa mi sta capitando.

Il giorno convenuto, ho appena indossato la divisa e sto uscendo per andare a presentarmi al Comando, quando ricevo una telefonata proprio da Giorgio che, come ho detto, abita di fronte alla caserma dove sono diretto. Mi avverte di non presentarmi. I tedeschi sono arrivati in forze con autobus e camion per caricare ufficiali, sottufficiali e soldati della Piave e portarli presumibilmente in Germania. Ancora una volta, mi salvo per il rotto della cuffia.

A questo punto, come migliaia e migliaia di giovani e anziani, sono uno sbandato dell'ex-esercito italiano.

Per prima cosa, decido di rintracciare la medaglia d'oro Carlo Toscano, che ho conosciuto circa un anno prima. Mi racconta che sta raccogliendo, dentro Castel Sant'Angelo, militari sperduti per posti di lavoro nei ministeri ed enti che si stanno trasferendo sul lago di Garda, a Salò - dove si trova la Repubblica Sociale Italiana. Per me, che penso di fare il giornalista, ci sarebbe un posto all'Agenzia Stefani. Per pura combinazione, un paio di giorni dopo, rivedo Mario Bolasco - ossia Ernesto Quintino (detto Mario), 1929-2004 - che ho conosciuto a Pistoia, appena arrivato come allievo sergente «volontario». Avevamo fatto amicizia mentre cucivamo sul bavero della giacca le mostrine del reggimento e il fregio sul berretto: un lavoro che il Regio Esercito italiano impone ai singoli soldati. Con l'ago e il filo mi sono sempre arrangiato, ma Mario è del tutto incapace: così nasce la nostra amicizia. Ora sta concludendo l'accordo per andare a lavorare con la Stefani a Salò. La settimana successiva partiremo insieme per il Nord.

Prima di andare, organizzo un affettuoso congedo da Giuliana, venuta a salutarmi a Porta San Giovanni, accompagnata dal fratello maggiore Umberto. È il 28 ottobre 1943. Ci sposeremo solo sette anni dopo.

Il lavoro alla Stefani, sistemata in una scuola elementare, comincia senza problemi. Il direttore è un personaggio famoso, Luigi Barzini senior, il giornalista che ha vinto il raid automobilistico Pechino-Parigi in 60 giorni, partendo dalla capitale cinese il 10 giugno 1907 (solo 5 vetture alla partenza sulle 25 previste) e inviando resoconti telegrafici al Corriere della Sera e al Daily Telegraph di Londra. Per chi non lo sapesse, la competizione era stata lanciata dal quotidiano francese Matin e Luigi Albertini, allora direttore del Corriere della Sera, la propose a Barzini. Dell'organizzazione si occupa il principe Scipione Borghese. Tutti sanno che sarà un'impresa pericolosa e logorante. Lungo il percorso, fatto di strade quasi sempre prive di fondo, spesso fangose, sono distribuiti rifornimenti di benzina, cibo, pozzi per l'acqua e posti di telegrafo. Sulla sua esperienza, Barzini scriverà un libro per il Touring, stampato da Hoepli nel 1908 e ristampato nel 2009: «La metà del mondo vista da un'automobile che va da Pechino a Parigi in sessanta giorni».

Questo famoso giornalista di altri tempi è un tipo molto riservato e poco incline alla conversazione. Una sera che sembra stranamente di buonumore e disposto a chiacchierare, porto il discorso sul famoso raid e gli domando quale sia stato il momento che lo ha impressionato di più. Mi risponde: «C'è un punto sugli Urali dove si trovano due steli, una con la scritta Asia e l'altra con la scritta Europe. È là dove i due continenti si incontrano e... si dividono».

Una profezia per i tempi in cui viviamo.

«Quanti chilometri percorreste?», lo incalzo. «Circa 13 mila. Non c'è stato un calcolo ufficiale». Poi aggiunge: «Ho sempre avuto la curiosità di saperlo, ma non mi è mai venuta la voglia di ripetere quel percorso per misurarne con precisione la lunghezza».

Nella redazione della Stefani a Salò c'è un ufficiale tedesco delle SS, giovane, biondo, di quando in quando sorridente, sempre in divisa, incaricato della censura. Sul suo tavolo passano i nostri testi prima della distribuzione ai giornali. In una villetta vicina abita un cittadino inglese privo di una gamba, internato civile, che è autorizzato a insegnare. Io, nel frattempo, ho accantonato gli esami universitari. Sotto le armi non c'è molto tempo per studiare e io mi rifiuto di fare domanda per gli esami e presentarmi in divisa, fare il saluto fascista e portare a casa un comodo ma striminzito 18. Così, volendo sempre affermarmi nel campo giornalistico, avere a portata di mano un insegnante di madre lingua inglese mi sembra una fortuna, anche considerato il fatto che alla Stefani dovrei seguire le notizie diffuse dalla Reuter in inglese. Mi decido, e tre volte la settimana vado a lezione.

Nel frattempo, la vita a Salò, riempitasi di impiegati e alti funzionari dei ministeri, aggiuntisi alle molte famiglie che sono sfollate da Brescia e da Milano, procede tranquilla, senza pressioni politiche. Sotto questo riguardo, il più attivo è Giorgio Almirante, uno smilzo con i baffetti, capo ufficio stampa del ministro della Cultura Popolare, Ferdinando Mezzasoma. Noi - Mario ed io - abitiamo con alcuni colleghi e qualche funzionario ministeriale alla Pensione Benàco e ogni tanto, la sera, Giorgio viene a trovarci. Lega molto con Mario, che intanto si è innamorato di una milanese sfollata sul lago con la madre, di nome Wanda e un po' più grande di lui (che è del 1919 e ha, quindi, 25 anni).

La sera a Salò c'è poco da fare. Le discoteche non esistono - nemmeno di nome - e poi, con l'oscuramento obbligatorio, la gente non si fida ad andare in giro. Un paio di chilometri a nord, a Gardone Riviera, in una villetta che oggi ospita un minialbergo con il ristorante di lusso Fiordaliso, vive Claretta Petacci, mentre Mussolini alloggia qualche chilometro più a nord, sempre lungo il lago, a Gargnano, in una villa della famiglia Feltrinelli.

Nel frattempo e con mia grande sorpresa, Mario e Wanda decidono di sposarsi. Uno dei testimoni è Giorgio Almirante, che qualche anno dopo - in un casuale incontro all'aeroporto milanese di Linate - mi invita ad andare a trovarlo a Roma, dove sta organizzando il Movimento Sociale Italiano. Ma io a quel punto ho già deciso di tenermi lontano da ogni attività politica.

In vista del suo matrimonio, Mario tenta di mettersi in contatto con la sua famiglia, residente a Roma, ma senza successo. L'Italia è ormai divisa in due, all'altezza dell'Appennino Tosco-Romagnolo, lungo una serie di fortificazioni realizzate sotto la guida dei tedeschi, la Linea Gotica. In questo periodo si sono interrotti pure i collegamenti tra me e la mia famiglia e anche con Giuliana.

Il campo di concentramento
e la vita segreta di San Vittore

Nella seconda metà del 1944 lascio la Stefani e Salò e mi trasferisco a Milano, dove raggiungo i Bolasco ormai marito e moglie.

Un amico di Mario, Cesare Rivelli, ha avuto successo alla radio con una trasmissione ispirata a Roma, intitolata Radio Tevere. Della sigla nostalgica ci resta la canzone Tornerai. Rivelli offre a Mario un posto da caposervizio e lui capisce subito di aver bisogno di collaboratori e propone il mio nome.

Vado a Milano in corso Sempione per un colloquio-prova, lo supero e sono assunto.

Comincio una serie di rubriche, note, commenti a mia firma che sembra non debbano aver fine. Ma la fine arriva il 27 aprile 1945, quando americani e partigiani entrano tra gli applausi della gente in Milano e io e altri colleghi ci ritroviamo prima in questura e, poi, al campo di aviazione di Bresso, trasformato in campo di concentramento, come collaborazionisti dei repubblichini da sottoporre a giudizio. Con il suo lavoro in radio Mario non si è messo in vista tanto quanto me, e riesce a partire indenne per Roma insieme alla moglie.

Nel frattempo, con l'arrivo a Milano, il Comitato Nazionale di Liberazione (il CNL) impone la chiusura di tutti i quotidiani che si sono compromessi con il fascismo. Tra essi, il Corriere della Sera. Le sue rotative possono essere utilizzate soltanto per stampare fogli indipendenti. Il 30 luglio 1945 nasce Corriere Lombardo, diretto dall'ex partigiano Edgardo Sogno. Il Corriere della Sera tornerà in edicola il 21 maggio 1945 come Corriere d'Informazione e l'anno successivo come Il nuovo Corriere della

Sera. Il Corriere d'Informazione a quel punto diventerà il quotidiano del pomeriggio.

A Bresso si vive senza drammi. Trovarsi rinchiusi in un campo di concentramento sembra del tutto naturale. Vengono a trovarmi, alternandosi, lo zio Piero Bertulli di Travagliato, in provincia di Brescia, marito di Dorina, sorella di mio padre. Abita in una pensione di Milano e viaggia per tutta Italia come rappresentante di commercio. E Marina, una bella ragazza che ho conosciuto alcuni mesi prima suo tramite.

Tra gli internati lego in particolare con un grande dell'umorismo, Marcello Marchesi, famoso sia come sceneggiatore, sia come regista, giornalista e cantautore. Negli anni Trenta è stato uno dei pochi cantanti jazz (clandestino, perché il fascismo proibiva questo tipo di musica).

Nel 1936, Andrea Rizzoli, figlio del famoso Angelo, volendo uscire a Milano con un settimanale umoristico che contrasti l'analogo pubblicato a Roma con il titolo Marc'Aurelio, mette insieme proprio Marchesi, con Guareschi e Mosca. Ne viene fuori Bertoldo, un settimanale rimasto famoso. Marchesi, infatti, ha una vena inesauribile per ideare battute divertenti. C'è chi gliene ha attribuite almeno 4.000. Mi dice: «Se ci pensi bene, poi non è difficile. Molte vengono da associazioni di idee, altre da contrasti, altre ancora da paradossi. Ad esempio: "Era avarissimo. Quando dava la mano porgeva solo due dita", oppure "Il primo abbonato al telefono non sapeva a chi telefonare!", o ancora: "Che Dio ci perdoni e ci perdonerà. È il suo mestiere"; e l'impareggiabile: "L'importante è che la morte ci trovi vivi". Ma anche: "Un giovane si schianta contro un lampione. Spenti entrambi" o "Affogò perché si vergognava di gridare Aiuto!"». C'è poi una battuta che alcuni attribuiscono a Marchesi, altri a Hemingway e altri ancora a Verlaine. Recita: "È sbagliato giudicare un uomo dalle persone che frequenta. Giuda, per esempio, aveva amici irreprensibili". Inesauribile fonte di comicità e di ironia, lavoratore infaticabile, Marchesi scriverà testi per Walter Chiari, Macario, Buazzelli e tanti altri.

Quando lo incontro ha nove anni più di me ma non si dà arie. Anzi, appreso che ambisco al giornalismo, è prodigo di consigli, come quello di tenere sempre a portata di mano un taccuino sul quale annotare frasi, idee, battute che si possono ascoltare per caso o che possono sfiorare la mente e che, se non fermi all'istante con una nota che resta, si perdono per sempre. La stessa tecnica seguita dal grande regista americano, di origine italiana, Frank Capra, mentre si prepara a girare il capolavoro della sua carriera La vita è una cosa meravigliosa. Si dice infatti che, a un certo punto, Capra, dalla sua casa di Hollywood, si sia trasferito per qualche settimana a New York, trascorrendo l'intera giornata su autobus o metropolitane, dove passava il tempo trascrivendo su un taccuino le frasi e le battute della gente che più lo colpivano.

Il problema è che, per la radio repubblichina, Marchesi ha firmato alcune trasmissioni importanti, mettendosi in grande evidenza come collaborazionista. Marcello ha un grave disturbo al polmone sinistro e spera per questo di essere rimandato a casa da un momento all'altro.

Qualche tempo dopo l'esperienza di Bresso, incontrerò nuovamente Marcello Marchesi a Roma, dove vorrà che entri nella sua squadra. Sta lavorando alla sceneggiatura di un film con un altro scrittore umorista, Vittorio Metz, con il quale formerà per anni il binomio-principe della commedia all'italiana.

Forse non tutti sanno che all'epoca Metz ha casa a Roma, mentre Marchesi a Milano. Per lavorare prendono in affitto un appartamento all'Albergo Moderno, nel centro della capitale. «Vedi», mi spiega Marcello: «In questo modo non hai bisogno di impiegati: hai la segreteria giorno e notte e così la cucina. Puoi aprire e chiudere il contratto d'affitto quando vuoi». In quel periodo - per integrare le mie entrate in vista del progettato matrimonio - a fianco del lavoro giornalistico che svolgo regolarmente, una volta la settimana andrò da Metz e Marchesi, che mi daranno una traccia delle scene alle quali si accingono a lavorare. Nei giorni seguenti, tornerò da loro per suggerire battute, scenette o altro.

Negli anni successivi Marchesi metterà su casa a Roma, comprando un meraviglioso attico presso piazza di Spagna, dove andrà a vivere con la sua governante sarda, Enrica Sisti, che sposerà e dalla quale avrà un figlio. Meno noto, forse, è che Marcello è stato un grande amante del mare. Il 19 luglio 1978, mentre nuota nelle acque di Cabras, in Sardegna, una violenta ondata lo manda a sbattere contro uno scoglio. Colpisce violentemente il capo e muore sul colpo.

Ma questo avverrà molti anni dopo. Nel dopoguerra, tramite Marchesi, conosco Cesare Zavattini che, a sua volta, mi presenterà a Marcello Ciorciolini, mentre sta preparando per la RAI un programma radiofonico - un grosso contenitore - che ho già ricordato, imperniato sui giovani e presentato con il titolo Primavera.

Di Cesare Zavattini ricordo con piacere come mi ha accolto, ossia con grande cordialità. Gli intimi sanno che ha sempre avuto il vezzo di collezionare quadri della stessa dimensione minima, dipinti per lui da tutti i pittori che via via incontra. Ne ha addirittura tappezzato intere pareti della casa dove abita a Roma, vicino a via Nomentana.

Ma facciamo un passo indietro. Con le prime avvisaglie dell'autunno, il soggiorno a Bresso comincia a pesare, soprattutto quando Marcello Marchesi, che si è dotato di un fior di avvocato, è rimesso in libertà. A questo punto, visto che le cose vanno per le lunghe, decido di evadere. Lo faccio da solo, una sera subito dopo il tramonto, prima del contrappello serale, senza complicità. Una sciocchezza che pagherò cara.

Senza aver predisposto una via ragionata di fuga, mi ritrovo solo, di sera, a Milano - senza sapere dove andare. Mi reco alla pensione dove alloggia lo zio Piero, ma è in viaggio per l'Italia; a casa di Marina non c'è nessuno. Per farla breve, sono ripreso dopo due giorni di vagabondaggi e, per punizione, mi sbattono nel carcere di San Vittore. Senza saperlo ho combinato il guaio di rallentare i tempi di istruzione della pratica per la mia liberazione: dall'aria aperta del campo di Bresso sono finito in una cella mefitica - la numero 36 del III° braccio - progettata per due persone e già occupata da quattro, due "politici" e due "comuni". Si dorme per terra. Vivo così l'Italia delle carceri, allora sovraffollate come dicono siano adesso. Evidentemente siamo un Paese che non sa calcolare i suoi malviventi: sono sempre di più di quelli per i quali sono predisposti gli spazi penitenziari. D'altro canto, il dopoguerra è un periodo "di piena".

Quando c'è, a metà mattina, l'ora d'aria e si aprono tutte le celle per scendere in cortile, è una vera bolgia. Delinquenti comuni già condannati mischiati ad altri in attesa di processo, soggetti sotto esame per crimini politici con altri appena arrestati, ancora in attesa di essere incriminati formalmente, e così via. Del resto, l'ora d'aria è l'occasione per traffici d'ogni genere, droga inclusa - guardie carcerarie conniventi. In giro c'è sempre aria di insofferenza e di insoddisfazione per il cibo, per lo più immangiabile, per i servizi igienici, per il sovraffollamento e per le pessime condizioni delle celle. Passo il Natale del 1945 e il Capodanno a San Vittore. Tornerò in libertà il giorno di San Giuseppe, il 19 marzo 1946.

La primavera è alle porte e io vengo a sapere che due amici si sono sistemati a Milano: Elio Luxardo, il fotografo dei divi a Roma, ha aperto uno studio in centro; ed Ettore Tombolini, giornalista, trasferitosi da Napoli a Salò, dove abbiamo lavorato insieme alla Stefani. Tombolini è stato l'unico giornalista ammesso a Verona ad assistere nel 1944 alla fucilazione dei ministri che il 25 luglio 1943 hanno deposto Mussolini e che i tedeschi hanno arrestato. Fra loro, Emilio de Bono (78 anni), uno dei quadrunviri della Marcia su Roma, e Galeazzo Ciano (41 anni), ministro degli Esteri e genero di Mussolini, avendone sposato la figlia Edda che, pochi giorni prima dell'esecuzione, corre a Gargnano a implorare dal padre - inutilmente - la revoca della condanna. Di quell'evento, Ettore scrive un resoconto di rara freddezza.

Tombolini è un cronista nato e capo di una famiglia numerosa: sette figli. Finita a Salò senza danni la sua avventura all'Agenzia Stefani, si è trasferito a Milano, dove ha trovato un ampio appartamento vicino a piazza Piemonte, in via Washington, e il posto di cronista in un nuovo quotidiano, il Corriere Lombardo, incentrato su titoli a caratteri cubitali, una novità nella stampa "castigata" del tempo, tanto che è subito ribattezzato Corriere Bombardo.

Elio Luxardo, da parte sua, ha portato con successo - da Roma a Milano - la tecnica di usare luci con taglio cinematografico nello studio da fotografo, il che lo rende il preferito dai big, in particolare le star del cinema. Elio è generoso con me: mi ospita a casa sua e mi dà qualche soldo, mentre Ettore ha un'idea geniale: scrivere una serie di articoli sulla "vita segreta" di San Vittore, che intanto è entrato in subbuglio. Accetto, ma uso uno pseudonimo. In totale scrivo e pubblico cinque articoli.

Nel frattempo, recupero la mia roba nella vecchia camera in via del Gesù, una mansarda molto accogliente, e, col gruzzoletto raggranellato con gli articoli su San Vittore (Tombolini è riuscito a farmeli pagare subito e anche bene), parto alla "riconquista" di Giuliana e di Roma, in una parola: del mondo.

L'ingresso
nel giornalismo "vero"

A Roma, le cose non si mettono subito bene.

Una domenica mattina alle 7 e mezza arrivano a casa mia due signori in borghese. Mi invitano a seguirli in questura. Nel mentre si è alzato anche mio padre. Li lascio con lui per andare a prepararmi. Mi chiudo in bagno, mi vesto, ma non ho alcuna intenzione di seguirli.

Mi affaccio: abitiamo al secondo piano e abbastanza vicino alla finestra passa il tubo della grondaia. Quando ci ripenso e rivedo quel tubo e la finestra del bagno mi domando come abbia fatto a non precipitare... Comunque ce la faccio. È domenica mattina presto e non passa nessuno.

Mio padre mi racconterà in seguito che dopo un po' i due agenti si sono allarmati, hanno forzato la porta del bagno e hanno scoperto che me l'ero squagliata. Al che uno di loro esclama: «È evaso un'altra volta!» In realtà, a causa delle difficoltà di comunicazione, alla questura di Roma non è ancora pervenuta la chiusura della mia istruttoria e io risulto tuttora un evaso dal campo di concentramento di Bresso e latitante.

Trovo rifugio presso Mario e Wanda Bolasco. Attrezziamo con una branda uno sgabuzzino che è a fianco dell'appartamentino dove lui si è ritirato per studiare e prepararsi al concorso per entrare nella carriera diplomatica. (Per inciso, lo vincerà, mi aiuterà nella mia professione e andrà in pensione come ambasciatore). Per fortuna le ruote della giustizia girano e in pochi giorni la mia pratica in questura è chiusa - grazie anche al fratello maggiore di Mario, che ne segue l'iter ed è amico del questore.

Tornato a casa, riprendo finalmente i contatti con Giuliana - che ha avuto la pazienza di aspettare il compiersi delle mie vicissitudini - e mi dedico alla ricerca di un posto, a partire dalla Sala Stampa Nazionale, dove sono concentrati i corrispondenti dei giornali di tutta Italia. Come si vede in Prima Pagina, il film di Billy Wilder con Jack Lemmon e Walter Matthau, in mancanza di telescriventi e fax, i corrispondenti devono dettare i loro testi per telefono alla stenografa del giornale. Ogni corrispondente ha un giovane aiutante per questa incombenza, il "trombettiere" (anche molti scrittori famosi hanno cominciato così). Pur di iniziare a lavorare in ambito giornalistico, decido di propormi persino come trombettiere, ma non ci sono posti disponibili.

Un'occasione di lavoro però mi si presenta da tutt'altra parte. Un mio collega di università mi indica il posto che la sua fidanzata, avendo trovato una sistemazione migliore, gli ha offerto - ma che non si sente di occupare perché è richiesta una buona conoscenza della lingua inglese. Si tratta di tenere la segreteria di un colonnello dell'esercito americano, direttore di tutti i grandi alberghi di via Veneto requisiti per gli ufficiali degli Stati Uniti. Sede di lavoro, Grand Hotel Ambasciatori, stipendio limitato dal fatto che sono compresi vitto e alloggio. Ore di lavoro: dodici. Il tutto come previsto dal contratto del settore alberghiero italiano. Sono disponibile ad accettare. Sono esaminato e assunto. Per arrotondare recupero i pocket books che gli americani, dopo avere letti, lasciano sulle poltrone praticamente nuovi e li rivendo a metà prezzo alla grande edicola che ancora oggi si trova di fronte all'Hotel Excelsior. Il lavoro di segreteria, invece, prevede, tra l'altro, di predisporre i menu giorno per giorno attingendo a un manuale di riferimento che per ogni menu indica le calorie e le sigle di magazzino. Tutto super organizzato, al contrario di quanto ho sperimentato nel nostro esercito. Lì, presso il comando americano, c'è un manuale per tutto, anche per scrivere la corrispondenza, per cui le loro lettere sembrano tutte redatte dalla stessa persona.

Dopo qualche settimana, sono chiamato per una prova di inglese: è l'Associated Press, alla quale mi sono presentato alcuni giorni prima. Non vado a lavorare e dico al colonnello di essere indisposto. A me sembra di andare bene e, infatti, supero la prova, tanto che dopo una settimana mi richiamano per il test definitivo. Anche stavolta adduco ragioni di salute e qui mi viene impartito il primo duro insegnamento della mentalità statunitense sul lavoro. Il colonnello mi risponde: «Bruno, se hai la salute malferma ti conviene dimetterti!». Il che, per fortuna, potrò fare pochi giorni dopo, essendomi arrivata dall'AP la conferma dell'assunzione.

Comincio il nuovo lavoro - un sogno che sta avverandosi - con grande entusiasmo, presto raffreddato (ma non spento) dalla realtà dei fatti. In primo luogo, mi colpisce la loro scarsa fiducia nei natives, cioè noi italiani - gli "indigeni", come siamo soprannominati. In redazione siamo in cinque, compreso un caporedattore, e dobbiamo assicurare la copertura 24 ore su 24. Per cominciare, tra le notizie che le telescriventi sfornano in continuazione da New York, ovviamente in inglese, dobbiamo scegliere quelle più adatte ai giornali italiani, ma non possiamo modificare nulla, nemmeno la punteggiatura. Ci vorranno mesi per essere autorizzati a farlo e anni per entrare nel "desk americano" ed essere parte dello staff vero e proprio. In secondo luogo, mi accorgo di cosa significhi il termine autonomia. Mi spiego meglio. Nella redazione statunitense c'è un italo-americano, George Bria, che comprende bene la nostra lingua. La mia conoscenza dell'inglese è buona ma, ogni tanto, mi capita di trovare un vocabolo ignoto. Una volta, di fronte a una di queste parole, ne chiedo il significato a George, che me lo spiega. In seguito, rifaccio la stessa cosa e George mi risponde tranquillamente: «Bruno, vedi, là sopra c'è il Webster (il megadizionario principe della lingua americana): se lo sfogli, vi trovi tutto». In altre parole, vai avanti con le tue forze, non rompere e aiutati da solo.

Per redigere testi accettabili sarà necessario che "impari a scrivere" alla loro maniera. Altri punti di riferimento fondamentali saranno il *lead*, vale a dire, nel primo periodo, la sintesi della notizia, rispondendo ai cinque "W?" fondamentali, o almeno ai primi quattro: "Who?" (chi?), "When?" (quando?), "Where?" (dove?), "What?" (che cosa?) e possibilmente "Why?" (perché?). Un filologo americano, incaricato di indicare come migliorare la leggibilità dei dispacci AP di modo che possano essere pubblicati senza ritocchi, suggerisce tra l'altro che il *lead* debba contenere da 17 a 19 vocaboli con non più di due polisillabi. Altri must di quel giornalismo di "frontiera": citare sempre la fonte; attribuire le dichiarazioni a singoli soggetti (mai a due o più contemporaneamente perché la gente "non parla in coro"); riferire sempre l'opinione delle due campane (per esempio: sindacati e imprenditori) e così via. Per noi, di origine latina, tutto ciò significa capovolgere il modo classico di raccontare i fatti, imparando a scrivere a piramide, cioè partendo con il *lead* per aggiungere particolari man mano che si va avanti. Tutto il contrario del nostro modo naturale di scrivere - a piramide rovesciata, ossia partendo dal generico, per creare l'atmosfera, e terminando con il pistolotto finale. La filosofia che sottende queste regole è per l'AP - agenzia a diffusione capillare in tutto il mondo - che, nell'arco delle 24 ore, c'è sempre un giornale che sta andando in macchina e, per questo, occorre trasmettere *takes* brevi (massimo 10 righe), in modo che nell'arco di un determinato tempo arrivino più notizie brevi, anziché, come fa la nostra Ansa, una sola lunga.

Crescere nell'AP non è stato facile, ma ho provato grande soddisfazione nel rendermi conto che sul lavoro di desk sei considerato uno di loro, in Italia come a New York, persino se sei loro ospite in un'altra sede - ad esempio in Fleet Street, la strada dei giornali a Londra - come capiterà a me quando avrò un secondo job in qualità di capo servizio esteri al quotidiano romano della Confindustria, Il Globo.

La Coronation, un allievo top, la dolce vita e la "sceriffa" in America

Nel 1952, la prima svolta. La Confindustria, che a Milano sostiene due quotidiani economico-finanziari - Il Sole e 24 ore - e a Roma Il Globo, decide di potenziare quest'ultimo e chiama a dirigerlo un giornalista, per così dire, "politico" famoso, Italo Zingarelli, affermatosi come corrispondente da Vienna prima per il Corriere della Sera e, poi, per La Stampa. Suo padre, il filologo Nicola, aveva realizzato il famoso dizionario della lingua italiana e infatti lui - e la cosa non gli piace - è soprannominato "il figlio del dizionario".

Una volta al Globo, Zingarelli potenzia subito il settore esteri e ai primi del 1953 me lo affida come lavoro part-time perché sono all'AP (questo è il motivo che l'ha indotto a scegliermi). Mi raccomanda di dare rilievo a notizie e fatti non strettamente economico-finanziari, ma di interesse generale.

Pochi mesi dopo, a metà maggio, gli propongo di coprire un avvenimento di sicuro interesse generale, l'incoronazione della regina Elisabetta II d'Inghilterra, fissata per il 2 giugno 1953. Mi risponde: «L'idea è buona. Lei (ci tiene molto a tenere le distanze) prende le ferie, si paga viaggio, vitto e alloggio. Da Londra chiama il giornale in partenza da Roma, così non paga la telefonata. Se l'articolo è buono glielo faccio retribuire, altrimenti si sarà fatta una gita». Non mi scompongo: «D'accordo, Direttore».

Mia moglie - a quel tempo abbiamo già un bambino di circa due anni, Maurizio - rimane sconcertata. Comunque, ormai, l'impegno è preso. Giuliana viene a salutarmi al vagone letto (la mia prima esperienza del genere) per Parigi, da dove raggiungerò Calais; poi, attraversata la

Manica, Dover, e quindi di nuovo in treno per Londra. È la prima volta che visito Parigi e Londra.

Ammetto che Parigi mi colpisce, ma Londra mi sconvolge: enorme, addobbata con sfarzo accecante, affollata di sudditi del Commonwealth giunti da tutti gli angoli del mondo. Città imperiale per antonomasia.

Ho prenotato una camera in una pensioncina del centro e, per lavorare, ho trovato un punto d'appoggio presso l'AP in Fleet Street, insieme a un pass per la cerimonia, alla quale mi hanno nel frattempo accreditato. Per risparmiare, mi nutro largamente di banane. A Londra se ne trovano, a pochi soldi, di enormi, giunte da qualche angolo del Commonwealth, grandi il triplo rispetto a quelle importate in Italia.

Nel pomeriggio del 2 giugno, detto per telefono l'articolo alla stenografa del Globo e la sera vado sul Tamigi a vedere i fuochi artificiali, a conclusione di una giornata di grandi eventi dedicati a Elizabeth Alexandra Mary, nata il 21 aprile 1926. L'indomani mattina sono svegliato da un telegramma dall'Italia. È il direttore del giornale che si congratula per la mia corrispondenza. Rispondo ringraziando e preannunciando che mi tratterrò a Londra ancora qualche giorno. Con l'aiuto dei colleghi londinesi dell'AP, mi sono infatti procurato alcune interviste con vari personaggi. In tutto pubblicherò nove articoli: mi rifaccio dei soldi spesi, ci guadagno e getto le basi per una spedizione più importante. Con l'alleanza dell'AP e il sostegno di una borsa di studio del Dipartimento di Stato americano: sei mesi negli Stati Uniti, da costa a costa, cioè dall'Oceano Atlantico (New York) al Pacifico (San Francisco), previe due settimane di "indottrinamento" a Washington per preparare visite, appuntamenti e interviste con l'assistenza di un funzionario della Segreteria di Stato.

Considerando le decine di voli che farò in seguito, ricordo che di fronte alla possibilità di scegliere come raggiungere l'America, la prima volta decido di andarci via mare, imbarcandomi a Napoli. Sette giorni di navigazione. Non ho mai volato e avrò il battesimo dell'aria solamente a Palo Alto, in California, facendo un giro su un elicottero della Stan Hiller Helicopters. Per tornare in Italia da New York, prenderò però l'aereo, imbarcandomi al Fiorello La Guardia. Arriverò a Roma Ciampino in 16 ore, con scali in Canada, Terranova, Dublino e Bruxelles: sarà il primo viaggio in aereo della mia vita. Nel frattempo, attraverso gli Stati Uniti in lungo e in largo solo e sempre in treno. Nei trasferimenti lunghi mi faccio portare una macchina dattilografica per scrivere quello che vedo e sento, di volta in volta. In tutto, venticinque articoli, poi raccolti in un saggio intitolato: L'Ottimismo Americano.

All'inizio del 1956, il direttore mi chiama per affidarmi un giovane da avviare al giornalismo. Non ha alcuna nozione del nostro mestiere. Ha da poco compiuto 22 anni, essendo nato ad Abbazia (Fiume) il 4 settembre 1932. È un allievo modello, cioè capocorso alla Scuola Militare per Allievi Ufficiali di Modena, che è stato costretto a lasciare per motivi di salute. Il suo nome: Alberto Mucci. Ha 11 anni meno di me e rimane molto sconcertato - lui che proviene da un mondo molto formale e di severa disciplina - quando gli dico di darmi del tu. Su di lui comincio a riversare, giorno per giorno, soprattutto quello che ho imparato all'AP. Alberto è molto compito, diligente e zelante. E anche paziente, perché quello che scrive passa sotto la revisione mia e poi sotto quella del direttore, un pignolo come pochi. Dopo un paio d'anni di questa scuola, si trasferisce al nuovo giornale che, a Milano, ha riunito i due quotidiani economico-finanziari sotto la testata Il Sole-24 Ore - che regala subito questa barzelletta della serie dei carabinieri: "Maresciallo: «Appuntato, come mai ha il viso così rosso?» e l'Appuntato: «Signor Maresciallo, lei mi detto di prendere Il sole 24 ore!»". Fatto sta che nel 1968 Alberto Mucci sarà nominato Vice Direttore del Sole 24 Ore, del quale diventerà poi direttore dal 1969 al 1979, quando passerà al Corriere della Sera, il primo quotidiano di carattere generale italiano con una sezione economico-finanzaria. Nel 1980, Mucci sarà nominato Vice Direttore del Corriere, incarico che lascerà l'anno successivo per assumere la direzione dell'Ufficio Studi e delle Relazioni Esterne della Banca Nazionale del Lavoro.

A Milano, diverso tempo dopo, verso la fine degli anni Sessanta, avvierò al giornalismo un altro giovane, Luigi Cucchi, che mi affida una comune amica dell'università Bocconi. Diventerà un importante esponente del quotidiano Il Giornale. (Per dovere di cronaca, dal gruppo di giornalisti "allevati" a Stampa Medica uscirà infine un "dotto", Mauro Bersani, oggi tra i top dell'editrice Einaudi).

Tornando al periodo che trascorro al Globo, ricordo che gli anni 50 si succedono senza drammi, in particolare a Roma, dove un po' tutti siamo protagonisti inconsapevoli dell'Italia della "dolce vita". La sede dell'Associated Press è a quattro passi da via Veneto, in via Sistina - la strada della gran moda che, da piazza Barberini, porta a Trinità dei Monti, e, volendo, al Pincio o a piazza di Spagna. La sede del Globo è invece in piazza Barberini, da dove parte via Veneto. Quando all'AP finisco il mio turno a mezzanotte, raggiungo, al caffè Carpano di via Veneto, la mia comitiva, nella quale l'amico Luciano Lucignani - giovane regista teatrale impegnato culturalmente nel Partito Comunista Italiano - ha inserito un suo compagno di studi dell'Accademia Nazionale d'Arte Drammatica, Vittorio Gassman, attore, regista, sceneggiatore, scrittore, tanto innamorato della recitazione che quando avrà soldi sufficienti e andrà ad abitare sull'Aventino, farà trasformare una parte della sua villa in un piccolo teatro, dove ogni tanto ci ospita («Forse», dirà scherzando Lucignani: «per allenarsi a fare il mattatore»). Al Caffè Carpano si parla del più e del meno, ma si affrontano anche temi impegnativi, quello della morte, ad esempio. Una sera Vittorio dice: «Sì, è vero, la morte mi disturba. Credo che sia un errore del Padreterno. Io non mi ritengo indispensabile, ma immaginare il mondo senza di me... che farete da soli?». Ricordo anche quando, sul tema della religione affermerà: «Non ne sono sicuro, ma credo di credere», battuta da accoppiare alla risposta data da Luciano De Crescenzo - ingegnere, saggista e scrittore, famoso per i suoi aforismi - a chi gli chiede se ha fede (forse mutuando la risposta dal regista Luis Buñuel) dice: «No, grazie a Dio, sono ateo».

Ogni caffè di via Veneto è un punto d'incontro di artisti, pittori, giornalisti, intellettuali di vario genere. Una sera, in un night della zona, la pittrice esistenzialista e libertaria Novella Parigini, uno dei simboli della Roma della dolce vita, si denuda in pubblico. Il fatto curioso è che si dice che questo evento si ripeterà. Perciò l'AP mi incarica di seguire gli sviluppi della vicenda. Per servizio frequento quindi il night per un'intera settimana, ma non accade nulla di rilevante.

Nel 1960, Federico Fellini presenta il suo capolavoro La Dolce Vita, con Anita Ekberg e Marcello Mastroianni e quel periodo storico è consegnato per sempre alla storia e all'immaginario collettivo.

A metà degli anni Sessanta, la mia vita cambia di nuovo. Entro nel vivo dell'Italia dell'efficienza: l'università Bocconi, dove le aziende, anche in tempi di crisi, "prenotano" i laureandi. Nel corso dell'ultimo periodo ho preso coscienza che, mentre nel mondo del lavoro americano, come l'AP, il titolo di "dott." vale soltanto per i laureati in medicina - Doctor è infatti il medico - nelle aziende italiane la laurea ha un valore significativo, almeno sul piano formale. Chi è laureato è "dott.", chi non lo è, viene indicato genericamente come "Sig./Sig.na/Sig.ra".

Venuto a mancare nel frattempo mio padre senza che mi sia laureato, avverto il rimorso di non averlo ripagato moralmente dell'enorme sacrificio che ha fatto per iscrivermi l'università. Mi informo perciò su quanto dovrò pagare di tasse arretrate per riprendere il corso universitario. L'impiegato mi dice con molta calma che, avendo lasciato passare più di otto anni senza dare esami, le mie possibilità sono decadute. Ho perduto tutto. Dovrei ricominciare dall'inizio come una matricola e per quell'anno è ormai troppo tardi. Le iscrizioni si sono chiuse dieci giorni prima. Così provo a Milano. Anche qui l'Università degli Studi e la Cattolica hanno chiuso le iscrizioni. C'è ancora la Bocconi, la più dura, che le accetta per un'altra settimana limitatamente al corso di lingue (latino compreso) e letterature straniere. Se voglio ripartire subito è l'unica scelta. E così faccio, studiando la sera fino alle prime ore del mattino e cercando, negli impegni di lavoro, qualche spiraglio di tempo libero per andare a lezione privata di latino. Dopo quattro anni, il 7 luglio 1969, sono ufficialmente "dott.". Pochi mesi dopo, alla cerimonia per l'inizio del nuovo Anno Accademico, la Bocconi mi convoca con tutti i migliori neolaureati dell'anno precedente per la consegna di una medaglia d'oro: è una bella soddisfazione.

Con il passare degli anni prende sempre più spazio nella mia vita il lavoro extra-giornalistico, come quello alla multinazionale farmaceutica Pfizer, sia per il compenso e i privilegi connessi sia per la varietà delle iniziative. Ricordo a questo proposito una mia decisione temeraria, ai limiti dell'irresponsabilità, che avrebbe potuto farmi perdere l'incarico alla Pfizer e che, invece, fu l'avvio di una carriera invidiabile. Ma per raccontarla, bisogna tornare ancora una volta indietro.

Corre l'estate del 1956. A quell'epoca in tv (entrata da poco nelle case degli Italiani) riscuote grande successo Lascia o raddoppia, un programma di quiz condotto il giovedì in prima serata da Mike Bongiorno (inizialmente il sabato sera, ma il successo è tale che sottrae gente ai locali pubblici). È la versione italiana dell'analogo americano The 64.000 dollars question. In Italia però si possono vincere al massimo 40 milioni di lire.

Quel giugno del 1956 affronta le domande finali una ventenne, studentessa di medicina, che si è presentata per rispondere sulla storia americana. Simpatica, semplice, "acqua e sapone" come si usa dire, un po' provinciale (abita con la famiglia a Robbio Lomellina), e ha conquistato le simpatie della gente. È stata soprannominata la "sceriffa" e così la chiamano nelle cronache dei giornali. Mentre assisto alla trasmissione finale penso: "Se vince, la invito in America per preparare la tesi sulla Terramicina, l'antibiotico Pfizer". E così faccio e, siccome è un fatto singolare, Mike Bongiorno (che è stato anche un grande giornalista), lo comunica a milioni di telespettatori. Il giorno dopo informo della mia decisione il direttore centrale RP dell'International a New York, John Western, presentandola come un grande colpo per l'azienda. Western mi telefona immediatamente. Le sue prime parole sono: «Sei impazzito? Prendere una decisione del genere senza prima consultarmi? Mandare in giro per gli Stati Uniti una ragazza di paese, mai uscita dall'Italia: chi l'assiste giorno e notte? Chi paga tutte le spese?». Man mano che parla mi rendo conto che ho esagerato. Ma ormai siamo in ballo e dobbiamo ballare. Con John Western conveniamo che io la preparerò al viaggio, andando presso la sua famiglia per lezioni di inglese e di comportamento. Partirà il mese successivo.

Un particolare (per me non trascurabile) di cronaca. La drammatica telefonata-cicchetto di John Western mi raggiunge nel pomeriggio del 17 luglio 1956 poco dopo le 15 italiane (la mattina alle 9 per New York) in una cabina alla Clinica Ostetrica del Policlinico Umberto I° di Roma, dove il mattino ho accompagnato mia moglie con le doglie. Siamo in attesa di due gemelli e l'intesa con l'ostetrico è che proprio perché gemellare, quindi con possibili rischi, sarà prudente effettuare il parto avendo a disposizione tutti i mezzi per fronteggiare eventuali emergenze. Mentre le telefonata continua (durerà più di un'ora) vengono alla luce i gemelli: Marco alle 16.10, e Fabio alle 16.20.

Tornando alla "sceriffa", durante le mie lezioni inculco in Giovanna il concetto di rimanere la ragazza "acqua e sapone", di provincia, cioè tutto l'opposto delle maggiorate italiane - tipo Gina Lollobrigida e Sophia Loren - che fanno notizia in quel momento in Italia e all'estero. Lei dovrà diventare popolare per la sua semplicità. La maestria di John Western e la disciplina e la bravura di Giovanna fanno di questo evento un progetto da manuale e dell'iniziativa un successo strepitoso per l'immagine della Pfizer, non soltanto in Italia, ma anche negli Stati Uniti. Giovanna è invitata come concorrente alla 64.000 dollars question e fa notizia come studentessa italiana esperta di storia americana. Il presidente della Pfizer, John McKeen, dà personalmente a Giovanna i suggerimenti necessari per scrivere la sua tesi sulla Terramicina, antibiotico-bandiera della casa americana. Ma qui occorre fare un breve inciso: durante la Seconda guerra mondiale, il governo americano aveva sovvenzionato largamente l'industria chimica, specialmente Pfizer, Squibb e Lederle per produrre rapidamente e su vasta scala gli antibiotici, farmaco-miracolo, che apriranno la strada alla grande industria chimico-farmaceutica nel mondo. E la Terramicina, forse non molti sanno, è stata chiamata così perché derivata da funghi prodotti da campioni di terra tratti dal suolo dello stabilimento aziendale di produzione.

L'incontro fra McKeen e Giovanna, documentato con una bella foto, ottiene una contro copertina di Oggi, allora il rotocalco italiano numero uno. Il 12 ottobre, anniversario della scoperta dell'America, quando gli Stati Uniti celebrano il Columbus Day, Giovanna, la nostra "sceriffa", esperta di storia americana, diventata ormai un personaggio anche oltreoceano, è ricevuta dal sindaco di Columbus, Ohio, che - con una cerimonia solenne e festosa, ripresa da stampa, radio e televisione - le consegna le chiavi della città. In Italia il quotidiano pomeridiano milanese La Notte pubblica ogni giorno "Il mio diario americano" di Giovanna (redatto da me come ghost writer), attribuendo a lei alcune delle emozioni che ho provato io in occasione del mio primo soggiorno a New York.

Quando nel programma di quiz americano Giovanna giunge ad acquisire 16.000 dollari, John Western ha l'idea di portare la madre dall'Italia a fianco della figlia per consigliarla in vista della delicata decisione da prendere nella puntata successiva - se accettare quella somma o se tentare il raddoppio - e io ottengo dall'ambasciatore degli Stati Uniti, che è una donna amichevole e gentile, Clare Boothe Luce, di mandare a Giovanna un telegramma di augurio e di invito alla prudenza. Di fronte alla domanda se lasciare o tentare di raddoppiare i 16.000 dollari, con a fianco la madre, confusa e disorientata, giunta da poco dall'Italia (dopo il primo viaggio in aereo della sua vita e per la prima volta a New York), davanti alle telecamere pronte a raccogliere la sua decisione, Giovanna annuncia che si ferma. Tornerà in Italia a bordo di un transatlantico insieme alla madre. Con giornalisti e fotoreporter andremo ad accoglierla a Napoli. Mentre la nave attracca, lei ci saluta dall'alto di un parapetto: la ragazzina acqua e sapone, partita vestita modestamente e un po' sem-

Il Papa morto due volte

Piccolo passo indietro: durante uno dei miei soggiorni negli Stati Uniti seguo uno stage sulle Relazioni Pubbliche, attività professionale che in Italia al tempo è ancora praticamente sconosciuta. (Per inciso, a Roma, su iniziativa di un appassionato del ramo, Guido de Rossi del Lion Nero e con la collaborazione di colleghi generosi come Domenico (Mimmo) Pascarella, nascerà l'AIRP, l'Associazione Italiana Relazioni Pubbliche - con il motto "Far bene e farlo sapere" - alla quale aderirò come socio fondatore e della quale sarò anche presidente per un biennio. L'AIRP confluirà poi nella FERPI, Federazione Relazioni Pubbliche Italiane, costituitasi a Milano, della quale sono tuttora socio).

Questa esperienza mi pone in una posizione privilegiata sul mercato del lavoro italiano nei confronti dell'industria privata, mentre la generosa offerta della Pfizer per una collaborazione part-time mi induce a lasciare Il Globo. Poco dopo, a conclusione della vicenda singolare che ho appena raccontato, quell'offerta sarà migliorata e resa "obbligatoriamente" accettabile sia per l'ammontare della retribuzione mensile e l'orario di lavoro (a casa alle 17 e il sabato libero) sia per i *fringe benefits* che comprendono l'auto aziendale, rimborsi spese di rappresentanza, nonché l'area di competenza (Europa meridionale e Medio Oriente). Si tratta, a questo punto, di lasciare l'AP, per la quale l'ultimo servizio va comunque raccontato: la morte di Pio XII.

Eugenio Maria Giuseppe Giovanni Pacelli, detto il Papa Venerando, si ammala gravemente mentre sta concludendo le vacanze nella residenza pontificia estiva di Castel Gandolfo. Quando ci si rende conto che ormai il Papa è allo stadio terminale, quella cittadina, che si affaccia come un immenso balcone sul lago di Albano, si affolla di inviati, corrispondenti e fotoreporter.

La piazzetta sulla quale si trova il Palazzo Apostolico, in fondo a un corso lungo e stretto - detto il "manico" - è chiamata la "padella". La compagnia telefonica nazionale impianta subito su quella piazza venti cabine telefoniche (allora non esistevano i cellulari) per fare fronte alle esigenze degli inviati della stampa mondiale. Nel giro di poche ore la "padella" si trasforma in una sala stampa all'aperto. Il periodico francese Paris Match manda due redattori e ben tre fotografi, dei quali uno con il compito specifico di riprendere esclusivamente le particolarità e le curiosità della piazza. Una mattina all'alba, dopo una notte piatta, trascorsa per lo più parlando al telefono con New York per tenere la linea pronta in caso di emergenza, penso di adoperare gli ingredienti per radermi (li ho sempre nella borsa), usando l'acqua della fontana situata nel centro della piazza. Il che faccio, offrendo, senza volerlo, ai colleghi fotoreporter uno spunto di curiosità: inviato che si rade all'alba di fronte al grande portone del Palazzo Apostolico. Quella foto farà il giro del mondo…

Comunque, l'ossessione di tutti noi è essere i primi a dare l'annuncio della morte del Papa. La mattina dell'8 ottobre, verso le 11, arriva una telefonata-cicchetto dal direttore dell'AP. A Roma, Il Tempo e Il Messaggero sono usciti in edizione straordinaria con un dispaccio dell'Agenzia Ansa che annuncia la morte di Pio XII. Subito si diffonde una grande agitazione collettiva, finché, mezz'ora dopo, arriva l'annuncio ufficiale dell'ufficio stampa del Vaticano: "Sua Santità è ancora in vita".

Che cosa è accaduto? Lo sapremo nel giro di poco. Un collega dell'Ansa si è accordato con una signora di sua fiducia, impiegata nella residenza pontificia: avrebbe spalancato le persiane di una certa finestra appena il Papa fosse mancato. Se non che, quella mattina, una suora ignara di tutto entrata nella stanza e volendo cambiare aria, spalanca la finestra dell'accordo segreto e… scatena il finimondo.

A Roma, il Prefetto, informato ufficialmente dal Vaticano della realtà dei fatti, chiama al telefono il direttore del Messaggero e quello del Tempo perché ritirino dalle edicole le edizioni straordinarie dei loro giornali. Quello del Messaggero si adegua senza problemi, quello del Tempo, il senatore Renato Angiolillo, che è anche Presidente del giornale da lui fondato dopo la guerra, fa questo discorso al Prefetto: «Eccellenza, se Il

Tempo ha detto che il Papa è morto, vuol dire che è morto. Io non ritiro niente!». E così fa.

(Dato che ho citato il senatore Angiolillo, mi sia concessa una deroga alla narrazione per riferire una curiosità a lui collegata. Angiolillo è colui che ha "scoperto" Gianni Letta, l'alter ego di Berlusconi, che a sua volta lo ha nominato sottosegretario di Stato alla Presidenza del Consiglio. Angiolillo era un patito del gioco d'azzardo e andava spesso al Casino di Montecarlo da dove telefonava al Direttore Amministrativo del giornale, Libero Palmieri (mio caro amico) per farsi rimettere cospicui bonifici bancari. Un giorno, arrivati a esaurimento i vari fidi nelle banche, al fine di tutelare il giornale, Palmieri oppone resistenza e lo rimprovera per tanto sperpero di denaro. Al suo ritorno a Roma, il presidente Angiolillo strapazza Palmieri. Questi, che gli era molto affezionato, direi devoto - in quanto Angiolillo lo aveva chiamato alla direzione amministrativa dalla tipografia - replica dicendo che ha agito per il bene del giornale. Prima di congedarsi, afferma perentorio: «Se non le vado bene così, mi licenzi». Angiolillo al momento non reagisce, ma, dopo qualche minuto, si reca nella stanza di Palmieri e gli risponde: «D'accordo, sei licenziato». Lo sostituisce subito con un impiegato praticamente sconosciuto, che lavora in amministrazione, Gianni Letta, - per quest'ultimo è l'inizio di una favolosa carriera).

Ma tornando al Papa, Pio XII muore nelle prime ore del 9 ottobre 1958. Per evitare altri tentativi di scoop, la notizia è data in diretta da un annunciatore del Vaticano, che ha seguito le ultime ore di vita del Pontefice. Il Tempo, come se non fosse accaduto nulla 24 ore prima, esce annunciando la morte del Papa in prima pagina, le seconda volta in due giorni.

Il primo giornalista entrato nella camera dove, su un lettino in ferro battuto verniciato di bianco, è stata composta la salma, è un collega italiano dell'AP, Richard Ehrmann, ebreo di origine austriaca, che ha il vezzo di vestirsi sempre come se dovesse andare a una cerimonia ufficiale: giacca nera, camicia bianca, colletto e polsini inamidati, cravatta color perla, pantaloni da tight. È grazie a tale abbigliamento che riesce a confondersi fra alcuni diplomatici stranieri, giunti per rendere omaggio al Papa defunto.

Ehrmann, del resto, in un'altra occasione, inseritosi tra i partecipanti a un congresso medico internazionale ricevuto in Vaticano, si insinuerà in prima fila e quando il Papa gli passerà davanti porgendogli la mano, gli dirà: «Santità preghiamo per la Sua salute e speriamo che i Suoi disturbi siano passati». Il Papa, questa volta Giovanni XXIII, si intrattiene qualche minuto con lui, dandogli particolari sulle sue condizioni delle quali Richard farà oggetto di uno scoop, documentato da decine di foto.

L'industria, il privato
e un mondo di viaggi

Nella carrellata dei ricordi, si affacciano ora in rapida successione, sequenze di viaggi per lavoro, curiosità, piacere che ci porteranno anche molto lontani dall'Italia - sempre di più preda di giocolieri politici e affaristi senza scrupoli, annidatisi nei partiti.

Viaggi alle porte di casa di un'Italia che comincia a crescere, come in Tunisia, dove ai primi degli anni Cinquanta raggiungo Mario Bolasco nella sua prima sede di assegnazione come Console, dopo aver vinto il concorso per entrare in diplomazia. Questo soggiorno mi consente di assistere alla nascita della Tunisia indipendente con la consegna dei pieni poteri dall'Alto Commissario del protettorato francese al Bey di Tunisi e l'arrivo, il giorno seguente, in aereo da Parigi, del capo degli indipendentisti tunisini.

Dalla Tunisia (in questo periodo il mercato dei reperti archeologici è pressoché libero), Mario mi aiuta a portare in Italia un capitello marmoreo in stile corinzio, un vaso punico e due porta profumi romani di vetro, acquistati là dove era esistita Cartagine - distrutta dai Romani, vincitori delle guerre puniche.

In seguito, Mario Bolasco (che nel frattempo si è divorziato ed ha sposato Mirella, che gli darà un figlio, Bryan, ora a sua volta in carriera diplomatica) mi faciliterà tanti altri viaggi di lavoro e di studio, come in Polonia - dove scoprirò che a Varsavia, la "Cittadella", vale a dire la parte antica della capitale rasa al suolo dai tedeschi durante la guerra, è stata ricostruita alla fine del conflitto in ogni dettaglio grazie ai dipinti del vedutista veneziano del '700 Bernardo Bellotto detto il Canaletto e col lavoro domenicale dei volontari. Visiterò anche il campo di sterminio di Auschwitz.

Altri viaggi, sempre con il supporto di Mario: in Romania, a Bucarest, dove, all'ambasciata d'Italia, consegnerò l'Ippocrate d'Oro di Stampa Medica, nostro periodico leader, al ministro della Sanità romeno, in occasione di un congresso internazionale di reumatologia. La delegazione italiana, per la quale abbiamo organizzato la partecipazione, è guidata dal numero uno della reumatologia romana, il professor Gigante - un personaggio simpatico che ha come moglie una signora ben piazzata che, nell'ambiente, è soprannominata "la gigantessa".

E, ancora, Mosca ai tempi dell'Unione Sovietica, dove mi servo con posate d'oro a un pranzo offerto dal Metropolita della chiesa russa; e a Samarcanda, nell'Uzbekistan, città-gioiello con moschee da favola e dove le donne camminano per la strada almeno due passi dietro agli uomini. Per non parlare dello Stato di Georgia, epicentro dei longevi e patria di Stalin (ossia, Iosif Vissarionovič Džugašvili, nato il 18 dicembre 1878 e morto a Mosca il 5 marzo 1953). A Gori, suo paese natale, c'è la carrozza ferroviaria attrezzata a ufficio dove lavorava quando si muoveva in treno. E infine il mio primo viaggio in Cina, evento che merita una trattazione a parte.

Tra gli altri viaggi di lavoro: Tripoli, in Libia, dove - prima dell'arrivo del colonnello Gheddafi - si respira ancora aria d'Italia e si avverte l'influenza del nostro Paese - ad esempio il lunedì, con i barbieri chiusi, e, all'aeroporto, dove la lingua ufficiale è l'italiano. In Egitto, a Il Cairo, per preparare l'inaugurazione di un laboratorio di produzione Pfizer (operazione da effettuare in modo soft, per non offendere i medici statunitensi di origine ebraica, che non gradirebbero tanta confidenza con un paese arabo e potrebbero boicottarne i prodotti). E poi ancora in Iraq, a Baghdad, per liberare una partita di nostri prodotti, sequestrata perché l'asterisco posto a fianco del nome del farmaco per indicare "marchio registrato" sembra la Stella di David, simbolo del sionismo; e in Turchia, ad Ankara, per avviare una campagna di diagnosi precoce del diabete, a sostegno del lancio del Diabinese; o nella capitale greca, ad Atene, per l'opera di sensibilizzazione contro la tubercolosi, e così via.

Mi piace ricordare Guido Battizzocco, il classico uomo tuttofare, sempre ottimista e pronto ad accontentarti. Il mio ufficio, sede della direzione RP per l'Europa meridionale e il Medio Oriente, è distaccato in una villetta ai Parioli, in via Cuboni. In vista del Natale, ho deciso di tenervi una festa per scambiarci gli auguri, coinvolgendo anche tutto il personale di Pfizer Italia. Chiedo naturalmente la collaborazione di Battizzocco, al quale dico di adoperarsi per portare quanta più gente possibile. Rammento di aver concluso con: «Allora mi raccomando, vi aspetto, venite tutti senza fallo». Battizzocco mi rassicura e, infatti, arriva con tanta gente, consegnandomi anche una scatola: «Guardi, guardi, qui dentro ci sono tutti i nostri falli». Alla lettera: dentro, accuratamente ritagliati, si trovano decine di "falli". È stata una festa pre-natalizia molto divertente.

In questo periodo devo ammettere che ho la valigia sempre pronta. Vado in Libano (allora una specie di Svizzera), Siria, Yemen. A ogni rientro, trovo Italie sempre apparentemente diverse. Molti di questi viaggi sono documentati da cortometraggi cinematografici di tipo professionale, girati dalla professoressa Elena Massarani, mia moglie, docente universitaria, ricercatrice chimico-farmaceutica e direttrice scientifica del gruppo Stampa Medica. In tutto realizzerà 62 filmati, alcuni dei quali premiati a vari festival cinematografici, come quello di Varna (Bulgaria); di San Sebastián (Paesi Baschi); e di Motril (Spagna), la "spiaggia" di Granada - città dove gli arabi costruirono quella meraviglia architettonica che è l'Alhambra. A tale proposito, due brevi note. La prima è che ricordo una maiolica con una questa scritta: "È brutto non avere la vista, ma non c'è niente di peggio che essere ciechi a Granada". La seconda nota: "In questa parte del mondo, sotto il dominio dei Mori, vissero a lungo in piena armonia, per tanti anni, arabi, cattolici ed ebrei. Dopo la cacciata dei Mori e l'avvento dei reali cattolici, gli ebrei furono dispersi".

Ma torniamo ai viaggi.

Da Vancouver, sulla costa canadese dell'Oceano Pacifico, all'Alaska e poi dai Paesi scandinavi al Polo Nord, dove per mesi non tramonta mai il sole, quindi nel Centro e in Sud America, fino all'estremità meridionale dell'Argentina, in Patagonia, dove, a Ushuaia, un cartello avverte: "Questa è la fine del mondo". E, ancora, in Brasile, con le cascate di Iguaçu, che nulla hanno da invidiare a quelle del Niagara, al confine fra Canada e Stati Uniti. Perù, Messico, Caraibi e Fort Lauderdale, in Florida, per imbarcarci e affrontare la traversata atlantica verso Capo Verde e l'Europa. E qui, in primavera, l'Olanda con le sue immense distese policrome di tulipani in fiore; la Crimea, l'Ucraina, per la precisione a Yalta, dove i "Grandi" (Roosevelt, Stalin e Churchill) si riunirono, verso la fine della Seconda guerra mondiale, per definire l'assetto post-bellico del pianeta. Durante il soggiorno mi raccontano che, nella palazzina dello storico incontro, priva di ascensore, il principale problema di carattere logistico fu la sistemazione di un appartamento al piano terra per il presidente degli Stati Uniti, Franklin Delano Roosevelt, costretto a muoversi su una carrozzina poiché paralizzato alle gambe dalla poliomielite.

Viaggi impegnativi: in Giappone, a Tokyo, Kyoto, Osaka, Hiroshima, con trasferimenti interni su treni che vanno a oltre 300 km all'ora, poi nella Repubblica del Sud Africa, al Capo di Buona Speranza e nelle riserve di animali feroci a Sabi Sabi e poi a Mala Mala con alloggi enormi e super-confortevoli per incontri dedicati a potenziare la rete internazionale di "Medical Tribune" di cui noi curiamo l'edizione italiana.

Dopo la fine dell'URSS, rammento un viaggio a San Pietroburgo, la meravigliosa città nella Russia settentrionale, largamente progettata dall'architetto bergamasco Giacomo Quarenghi (ingaggiato nel 1779 presso la corte imperiale di Caterina II di Russia), fulgido esempio di Neoclassico, rimasta intatta durante il dominio sovietico e poco contaminata da palazzi in stile socialista. Dissolta l'Unione Sovietica, torna alla sua denominazione originaria dopo essere stata Leningrado per decenni. Attualmente è oggetto di grandi lavori di restauro per ripristinare le chiese alla loro funzione originaria dopo che i comunisti le avevano trasformate in piscine o campi da pallacanestro.

Dal freddo intenso del Nord Europa al caldo torrido del deserto australiano. Il 2000 è alle porte: ecco la sequenza di un viaggio di piacere, conclusosi in modo drammatico. Elena e io ci troviamo nel centro del continente rosso, presso Ayers Rock (Uluru), ossia in pieno deserto, quando mia moglie è colpita da un ictus. In zona c'è soltanto un punto di pronto soccorso. È venerdì: quando da noi si può fare di tutto fuorché ammalarsi perché il Servizio sanitario è al minimo. L'ospedale più vicino è ad Alice Springs, a circa 500 chilometri di distanza. Elena viene accompagnata immediatamente al pronto soccorso dove le somministrano ossigeno-terapia che proseguirà per più giorni. Nel frattempo, contattano per radio il servizio dei Flying Doctors: un aereo-ambulanza atterra nel giro di pochissimo e, nel volgere di un paio d'ore, giunti ad Alice Springs, la sottopongono a tutti gli esami diagnostici del caso. Mia moglie si riprende bene e il neurologo che la segue smania per dimetterla: è ricoverata in un ospedale pubblico zeppo di aborigeni e, a parere del

medico, c'è il rischio che contragga infezioni. Trascorsi dieci giorni di de-
genza, Elena è giudicata in grado di tornare a casa.

Un viaggio ancora più recente e, di sicuro, da ricordare è quello del
settembre 2001 da Boston a Milano. È il 10 settembre e dovrei recarmi
a New York per salutare un amico che, all'ultimo momento, annulla l'incontro perché lo hanno incaricato di partire d'urgenza per la California.
Così cambio il biglietto e rientro a Roma da Boston anziché da New
York. A questo punto è già l'11 settembre 2001, il giorno dall'attentato
alle Torri Gemelle. Il destino mi ha risparmiato una brutta esperienza.

Dei tanti, quello che considero come il "viaggio dei viaggi" resta, comunque, la mia prima volta a Pechino (Beijing), nel 1973: un'avventura
che si trasformerà nell'evento-svolta della mia vita professionale, grazie
a una serie di fortunate coincidenze.

In questo periodo ha avuto inizio il disgelo fra gli Stati Uniti e la Repubblica Popolare Cinese, formatasi sotto la guida di Mao Zedong - che
aveva costretto i nazionalisti di Chiang Kai-Shek, ancora titolari di un seg-
gio fra i Grandi del Consiglio di Sicurezza delle Nazioni Unite, a rifugiarsi
nell'isola di Formosa (Taiwan). L'occasione favorevole sono stati i Cam-
pionati mondiali di ping-pong, sport nel quale i cinesi sono maestri.
Dopo i primi contatti fra i diplomatici dei due Paesi, entra in scena Henry
Kissinger, il Segretario di Stato americano divenuto presto figura popolare
in tutta la Cina. Kissinger prepara la visita a Pechino del Presidente Richard Nixon e il riconoscimento da parte degli Stati Uniti della Repubblica
Popolare Cinese. Tra i due Stati si allacciano relazioni diplomatiche, mentre tutti i Paesi della sfera occidentale si accingono a fare altrettanto sulla
scia della diplomazia del "ping-pong".

Nel dicembre 1972, verso Natale, il mio vecchio amico Mario Bolasco
- al quale qualche tempo prima ho detto di avere iniziato la pubblicazione di un periodico medico-scientifico - mi telefona per informarmi che
si sta costituendo il gruppo di giornalisti al seguito del nostro ministro
degli Esteri, Giuseppe Medici, diretto a Pechino per aprire relazioni diplomatiche con la Cina. Se voglio, posso tentare di inserirmi come rappresentante della stampa medico-scientifica ma, se sarò accettato, dovrò
provvedere a mie spese al viaggio dall'Italia a Hong Kong, da dove i trasferimenti in aereo saranno a cura dell'Alitalia. In questo periodo non ho
soldi sufficienti per pagarmi il biglietto Italia-Hong Kong e ritorno, ma
trovo una compagnia aerea che mi darà il biglietto gratis in cambio di

pubblicità su Stampa Medica. Tutto è bene quel che finisce bene e a Hong Kong mi unisco ai colleghi della stampa generale, fra i quali Enzo Bettiza del Corriere della Sera, Alberto Cavallari della Stampa, e Folco Quilici, principe dei foto-cine-reporter.

Così, quasi per caso, inizia una vicenda imprevedibile, che cambierà la mia vita da quel momento in poi - e che racconterò nel prossimo capitolo.

Prima di abbandonare l'argomento viaggi, però, mi sia permessa una parentesi per ricordare una curiosità. Durante la mia permanenza a Mosca - ove le scritte, com'è ovvio, sono in cirillico, e quindi, almeno per me, incomprensibili - ho promesso di andare in un museo a raccogliere dati su un dipinto veneziano del '700, di Giovanni Battista Cimaroli, per nostra nipote Mariolina Olivari, storica dell'Arte. Mariolina mi ha spiegato che devo prendere la metropolitana a una stazione di fronte al mio albergo e mi ha dato tutte le indicazioni per la direzione e per il numero di fermate - in modo da arrivare a destinazione senza problemi. Mentre attendo il treno, scrivo sul mio notes il nome (ovviamente in cirillico) della stazione di partenza, per essere sicuro di non sbagliare al ritorno. Tutto va nel modo migliore: mi attengo alle istruzioni ricevute e trovo il museo. Finita la visita, torno in metropolitana e, nell'attesa del treno, do un'occhiata al nome della stazione di partenza - che avevo annotato per riconoscere la mia fermata. Con mia grande sorpresa, vedo quella stessa scritta là dove mi trovo. Sono già a destinazione prima ancora di partire? In realtà, la spiegazione è più semplice: non ho trascritto i caratteri cirillici che indicavano il nome della stazione di partenza, ma quelli della scritta "uscita".

Chiusa la parentesi, torniamo in Cina.

L'incontro con Zhou Enlai, imprevisto e determinante

Mentre a Pechino siamo diretti non ricordo dove, ci comunicano che la nostra autocolonna dovrà cambiare itinerario: andremo al palazzo del Governo per essere ricevuti dal Primo Ministro Zhou Enlai (allora si scriveva Ciu en-Lai).

Giriamo per una città invasa a tutte le ore del giorno e della notte da migliaia di biciclette, guidate da maschi e femmine vestiti tutti nella stessa maniera; pochissime le auto, qualche autobus scalcinato: una città grigia come il colore delle mura attorno alle abitazioni, quasi tutte a un piano. Pochi gli edifici grandi, sedi di uffici governativi, e sull'immensa piazza centrale (la famosa piazza Tien an Men, da dove si accede alla città Proibita - l'antica residenza imperiale) quattro enormi ritratti: Lenin e Stalin, da un lato, e Marx ed Engels, dall'altro.

Quando ci fermiano per entrare in un edificio o altrove, la gente si raggruppa a curiosare e, qualche volta, applaude.

Ci hanno sistemato in auto due a due, ciascuna coppia con un proprio interprete che parla un italiano perfetto, pur non essendo mai stato nel nostro Paese. Per la precisione, un'intera squadra di interpreti che hanno studiato in Unione Sovietica ai tempi dell'intesa tra Mosca e Pechino - quando l'URSS, presumibilmente, sperava di porre la Cina sotto il proprio controllo. La rottura fra Mosca e Pechino, nel frattempo, ha fatto esplodere l'orgoglio dei cinesi, venutisi a trovare da un giorno all'altro privi dell'assistenza tecnica dei russi per la realizzazione di progetti ambiziosi - come il grande ponte di Nanchino, in fase di costruzione sul fiume Qinhuai (sul quale, nel 2006, farò un'escursione in battello dopo i festeggiamenti per il 50° anniversario della fondazione dell'Associazione di Amicizia tra i Popoli, con sede principale a Shanghai). Quando i russi se ne vanno, recano con sé tutti i disegni e i calcoli per la realizzazione del ponte, che comunque gli ingegneri cinesi riprogetteranno, portando a termine l'impresa. Oggi questo ponte è l'orgoglio di Nanchino (capitale del Sud, in contrapposizione a Pechino, capitale del Nord). Qui, per attraversare il fiume e conquistare la città, Mao Zedong dovette mettere in campo un milione di soldati.

Ma scorriamo velocemente la pellicola della storia e torniamo alle immagini del '73, con i giornalisti italiani in visita alla Presidenza del Consiglio cinese. Ad accoglierci, troviamo una reception line formata da funzionari, tutti in divisa senza fronzoli - come allora imponeva la Rivoluzione - che fanno corona al Premier Zhou Enlai, a sua volta in uniforme grigia. Vedendolo, mi viene in mente di quando all'AP ero di turno la domenica - unico redattore in servizio - mentre Mosca e Pechino, in piena Guerra Fredda, rappresentavano la principale preoccupazione, poiché i governi comunisti erano soliti prendere di sorpresa il mondo occidentale, diligente osservante del weekend. Poteva accadere che una loro grossa decisione di politica comunista fosse comunicata con una semplice lettera rimessa tramite motociclista al marine di servizio alla Casa Bianca. La qual cosa trovava le Cancellerie completamente sguarnite. Ora, uno dei protagonisti di quelle tempeste improvvise della comunicazione lo avevo dinanzi, di persona.

Terminate le formalità dell'accoglienza e scattata la foto ricordo, Zhou Enlai si libera improvvisamente dagli schemi protocollari rivolgendosi a me in inglese: «This gentleman looks like Mister Kissinger». Io lo guardo negli occhi e non so come - anziché dire qualche banalità di circostanza - rispondo sempre in inglese: «Signor Primo Ministro, in effetti io sono Mister Kissinger». La sorpresa è che Zhou Enlai sta al gioco, replicando: «No, il Signor Kissinger è più robusto e più alto». E io: «Stia attento, signor Primo Ministro, gli Americani, con la CIA, possono fare di tutto…». Al che Zhou Enlai scoppia in una fragorosa risata. E tutti i colleghi intorno tirano un sospiro di sollievo e ridono a loro volta.

In quest'atmosfera di buonumore Zhou Enlai si intrattiene qualche minuto con noi. Ci dice di non essere mai stato in Italia e aggiunge che una volta, sorvolando il nostro Paese, è riuscito a ottenere il permesso di far volare il suo aereo a una quota più bassa di quella programmata:

«Ho visto tanto verde. L'Italia è un grande giardino ben tenuto».

Durante il rinfresco che segue, un collaboratore del Premier viene a parlarmi per sapere qualcosa di più su di me. Mi presento e gli spiego che rappresento la stampa medica e, più che visitare il rifugio anti-atomico o le officine industriali, preferirei prendere contatto con laboratori di erbe medicinali, con centri medici e per l'agopuntura. Per farla breve, due giorni dopo, con il consenso del nostro ministro degli Esteri, Giuseppe Medici, e con il sostegno di Zhou Enlai in persona, lascio il gruppo e intraprendo un viaggio individuale per visitare alcune strutture mediche cinesi.

Questa è stata la prima tappa per la costituzione, su mia proposta e con l'appoggio del nostro ministero degli Esteri, dell'Associazione Medica Italo Cinese. Vi aderiranno, nelle vesti di presidente, il farmacologo Paolo Mantegazza, come gli suggerirà la sua collega di ricerche Elena Massarani (che, tra le altre cose, come ho già scritto, è mia moglie) e, come vice-presidenti, il chirurgo Edmondo Malan e lo psichiatra Carlo Lorenzo Cazzullo. Paolo Mantegazza, che diventerà poi Rettore dell'Università di Milano, sulle prime è incredulo. Lo convincerà la sua collega e amica Elena Massarani.

Pochi mesi dopo, accompagnerò a Pechino la prima delegazione medica italiana in visita ufficiale alla Repubblica Popolare Cinese, tutto a spese del nostro Governo (credo sia stato uno degli ultimi viaggi del genere, finanziati in prima classe). Ciascuno di noi tornerà con acquisti d'ogni sorta, salvo Paolo Mantegazza. Appassionato ornitologo, comprerà infatti soltanto una cosa: una gabbia di bambù per i suoi canarini. Ricordo che il problema fu che non entrava nella valigia, a meno di rischiare di danneggiarla, e perciò dovette portarla a mano in tutti i trasferimenti.

Dopo il primo, seguirà una lunga serie di viaggi, ai quali partecipano gruppi di medici italiani, organizzati sotto l'egida dell'Amic (a riprova dell'importanza di quegli interscambi, va sottolineato che l'ente governativo cinese che, a quel tempo, assegna all'Italia complessivamente 200 visti l'anno, ne assicura 50 solo all'Amic). Della diffusione nel nostro Paese delle notizie e delle scoperte della medicina cinese si occupa Stampa Medica, mentre a testimoniare incontri, visite e tavole rotonde sono i documentari, filmati da Elena Massarani. Uno di essi riprende un'operazione di appendicectomia a un trentenne, rimasto sveglio e loquace dall'inizio alla fine dell'intervento poiché anestetizzato con l'ago-puntura.

In questo periodo ricevo richieste da ogni parte: per andare in Cina c'è una lunga lista d'attesa.

Un giorno, un grande dalla medicina interna, il professor Ugo Butturini, dell'Università di Parma, mi dice che gli piacerebbe unirsi a una delegazione dell'Amic ed è disponibile a tenere un incontro con scambio di esperienze sul diabete, malattia che sta cominciando a diffondersi anche in quel Paese. C'è però un ostacolo: sua moglie - anti-comunista a oltranza che, in un Paese denominato "Repubblica Popolare", teme di dover subire pressioni politiche. Accetto quindi di recarmi a casa loro a Parma per rassicurarla. Quando la incontro, come prima cosa mi apostrofa: «Per dirle come la penso, sappia subito che appartengo a una famiglia di possidenti agricoli (quindi istituzionalmente anti-comunisti), e inoltre mi chiamo Benita (il nome del fondatore del fascismo, Mussolini, al femminile)». Le mie rassicurazioni sul carattere assolutamente scientifico e apolitico del viaggio la convincono direi facilmente, tanto che decide di unirsi a noi.

Il professor Butturini terrà con successo il suo intervento pubblico a Shanghai, dove, a sua volta, parlerà ai cardiologi cinesi anche un altro "numero uno" della medicina italiana, il cardiologo professor Fausto Rovelli di Milano. Anche lui riscuoterà un grande successo, pur rischiando di infilarsi in una situazione "scabrosa". Ma lasciate che vi racconti: siamo a Shenyang, all'estremo nord-ovest della Cina, regione industriale rimasta per molti anni sotto il controllo dei giapponesi. Una mattina, mentre ci riuniamo per un'escursione nella zona, Rovelli mi dice che intende vivere la realtà cinese mischiandosi alla gente. Lascerà il gruppo e prenderà un treno per rientrare in serata. Senza un programma? Senza un interprete? Un progetto assurdo nella Cina di allora. Un capriccio baronale. Tento di convincerlo a rinunciarvi, quando giunge la collega in giornalismo e comune amica Cristina Kettlitz, che fa anche lei parte del gruppo. Con il suo aiuto, riusciamo a vendere a Fausto quest'idea: prendere un autobus del servizio pubblico che si ferma davanti al nostro albergo, arrivare al capolinea e, senza scendere, tornare all'albergo - un'ottima mediazione.

Quando rientra, ci vediamo per il pranzo: è entusiasta.

Mi racconta che, una volta salito a bordo, la gente ha fatto a gara per cedergli il posto e tentare di spiegargli qualcosa, all'andata come al ritorno. La notizia suscita un tale entusiasmo nei componenti del gruppo, che ognuno di loro vuole vivere un'esperienza analoga. Di conseguenza, dobbiamo modificare il programma ufficiale per consentire a tutti di fare l'esperienza dell'autobus cinese!

Ricordo tanti fatti, volti, curiosità. Una volta, per esempio, arriviamo dall'Italia a Pechino e troviamo ad attenderci all'aeroporto la nostra interprete, che è letteralmente sconvolta. La sera prima ha vissuto ore drammatiche, passando la notte quasi in bianco. In breve, ha accompagnato una delegazione della Lombardia che rientrava in Italia e, all'atto della partenza, il capo delegazione, Roberto Formigoni, Presidente della Regione Lombardia, ha scoperto di essere senza passaporto. Si saprà poi che lo ha lasciato in una tasca della giacca, chiusa in valigia. Ma sul momento era privo dei documenti per ripartire. La nostra interprete ci racconta che non era stato facile sistemare le cose. L'aereo era partito con un enorme ritardo e la guida aveva finito col dormire soltanto qualche ora su una sedia dell'aeroporto, in attesa del nostro arrivo il mattino seguente.

Più avanti negli anni, dopo il professor Mantegazza, nuovo presidente dell'Amic sarà nominato il professor Umberto Solimene, direttore del Centro di Ricerche in Bioclimatologia Medica, Biotecnologie e Medicine Naturali dell'Università di Milano, e vice presidenti la dottoressa Adriana Bazzi, specializzata in Igiene, inviata speciale del Corriere della Sera, ed Emilio Minelli, uno dei principali cultori italiani dell'agopuntura.

Alla scoperta della Cina

Ed ecco l'Italia "nuova" alla scoperta del "nuovo" mondo, la Cina - dopo i decenni di chiusura dovuti ai suoi problemi politico-militari, risolti con la "lunga marcia" dei comunisti, organizzati e guidati da Mao Ze-dong.

Nella mia mente si rincorrono tante immagini ed è difficile selezionarne alcune dal mio personalissimo album dei ricordi. Ho vissuto anno per anno la trasformazione della Cina da Paese contadino, dedito principalmente alla coltivazione del riso, a grande potenza industriale di livello mondiale. Lo sviluppo di Shanghai e Pechino (ora Beijing), da città spente a enormi metropoli animate giorno e notte, con selve di grattacieli, decine di alberghi a cinque stelle, negozi griffati a ogni angolo del centro, interminabili autocolonne di macchine di grossa cilindrata a fianco dell'intenso traffico di biciclette, sopravvissuto alla Rivoluzione culturale.

Negli ultimi 40 anni ho organizzato circa 60 viaggi di gruppi di medici o di simpatizzanti dell'Amic in diverse località, dove si sono tenuti seminari, workshops, incontri e tavole rotonde sulle opportunità e i metodi di integrazione fra la medicina occidentale e quella tradizionale cinese. Un'esperienza fuori dal comune, assistere in prima persona agli esperimenti di reimpianto di arti presso l'Ospedale numero 6 di Shanghai. Qui l'équipe del dottor Chin, il 2 gennaio 1963, ha effettuato il primo reimpianto della mano e del polso. Sempre in questa struttura, tra il '63 e il '65, si eseguono ben 245 operazioni di questo tipo, con una media molto alta di successi (fino all'85% per quanto riguarda le dita). In questi anni constatiamo, più e più volte, l'efficacia dell'agopuntura, alla base anche dell'elettro-stimolazione dell'orecchio - considerato dalla medicina cinese il punto di arrivo e partenza di tutte le terminazioni che regolano la nostra sensibilità fisica.

Ad ogni viaggio in Cina, durante le visite agli ospedali, medici e para-medici ci accompagnano nei vari reparti per mostrarci che tecniche antiche quali l'agopuntura continuano a essere praticate con successo. Come ho già scritto, con la sua cinepresa, Elena Massarani riprende persino un intervento di appendicectomia, durante il quale si utilizza l'ago-puntura come pratica anestetica, particolarmente utile quando il paziente non può sostenere l'anestesia generale. Pionieristicamente, Stampa Medica comincia a pubblicare con regolarità articoli sulle pratiche mediche, chirurgiche e farmacologiche in uso in Cina.

Certo, rispetto a quello che vedemmo negli anni 70, oggi molte cose sono cambiate.

Se ci spostiamo nel tempo e nello spazio, ecco comparire, come in una cartolina ingiallita, la città di Canton. Qui, i delegati dell'Amic hanno modo di assistere alla partenza dei neo-diplomati verso l'interno del Paese. Siamo nell'estate del 1974 e la Rivoluzione Culturale (avvenuta fra il '66 e il '69) ha cambiato in modo profondo la vita del Paese. Terminate le scuole superiori, a 17 o 18 anni, gli studenti devono lasciare la città per entrare in una comune agricola e lavorare per 12 mesi con profitto se vogliono ottenere l'autorizzazione a proseguire gli studi. Da allora a oggi questo periodo lavorativo nei campi è stato ridotto, mentre i centri universitari, d'intesa con l'esercito, devono organizzare, per le matricole, 15 giorni di servizio militare nel campus, prima dell'inizio dell'anno accademico.

Sempre negli anni 70, l'educazione sanitaria entra nel sistema scolastico cinese. I bambini delle scuole elementari, ad esempio, sono istruiti per auto-massaggiarsi il volto, una tecnica di rilassamento, da eseguirsi a occhi chiusi, che aiuta a rafforzare i muscoli della vista. Mentre nelle campagne, durante la "Grande Rivoluzione Proletaria Culturale", nel 1968, si introduce l'assistenza sanitaria con l'entrata in servizio dei "medici scalzi", denominazione coniata dal Quotidiano del Popolo, perché sono impegnati in gran numero nelle risaie, dove si lavora a piedi nudi. A un certo punto si arruola fino a un milione e mezzo di "medici scalzi", in un periodo in cui in Cina il tasso di mortalità dei neonati è ancora molto alto e per le malattie infettive dell'infanzia non esiste prevenzione di sorta. In seguito, nel gennaio 1985, sarà abolito lo status di "medico scalzo" e introdotto, al suo posto, quello di "medico di campagna", con una specifica formazione professionale, simile alla laurea breve.

Forse non è così noto che in Cina si sia sempre data grande importanza all'educazione fisica. A parte la ginnastica delle ombre, che ogni cittadino è libero di praticare dove vuole (in genere, al mattino presto, nei giardini pubblici), si fa esercizio nei cortili delle fabbriche, degli ospedali e, naturalmente, delle scuole.

Sono tante le occasioni per conoscere la Cina, ma anche per presentare i mille volti dell'Italia ai cinesi. Un lavoro continuo perché la medicina tradizionale cinese e quella occidentale possano cooperare a beneficio della vita di tutti.

Ma prima di chiudere è d'obbligo che racconti un episodio divertente. Nel corso della visita a un ospedale, ci conducono al reparto odontoiatrico, dove ci fanno assistere all'estrazione di denti, senza previe iniezioni antidolorifiche, ma anestetizzando l'area del dente da estrarre premendo sugli zigomi del paziente con i pollici. Uno dei nostri medici sorride ironico, con fare baronale, a questa metodica e afferma che è solo un fatto psicologico, una specie di azione placebo. Il suo omologo cinese gli domanda se voglia provare di persona e alla risposta affermativa procede, esercitando con i pollici una pressione, per un paio di minuti, sugli zigomi del medico italiano, che, dopo l'intervento, rimane con i muscoli facciali bloccati al punto da non poter mangiare per 24 ore.

L'epopea
di ESI-Stampa Medica

Durante la mia attività alla Pfizer avevo stretto amicizia con il Professor Franco Caravaglios, direttore dell'ufficio d'Igiene al comune di Napoli, appassionato di comunicazione pubblicistica tanto da fondare un suo mensile dal titolo Stampa Medica. Verso la fine degli anni Sessanta, mentre sta andando in pensione, mi propone di acquisire la testata. Il titolo mi piace, anche se per il contenuto ho in mente tutt'altro. Ci accordiamo senza problemi e la mia nuova avventura prende il via.

Stampa Medica all'epoca consiste di quattro pagine formato quotidiano in bianco e nero, salvo la testata in rosso, e ha una tiratura di 5.000 copie.

In apertura del mio libro Sanità nuovo potere (Springer, 2003), scrivo: "A un certo momento della mia vita, senza alcuna programmazione, mi sono trovato a fare l'imprenditore, realizzando inconsapevolmente una nicchia nuova nella comunicazione biomedica". Quando comincio quest'attività ho cinquant'anni, età in cui molti italiani iniziano a pensare alla pensione. Anzi, a quell'età, in Italia, molti sono già in pensione.

Stampa Medica - affiancata, col passar del tempo, da una dozzina di altri periodici (settimanali o mensili da 40.000 a 70.000 copie a numero) - diventerà un quindicinale in formato rivista e tirerà 150.000 copie a numero. Come ha scritto il professor Umberto Veronesi nella presentazione del libro appena citato: "Il mondo medico italiano deve molto a Pieroni. Senza le sue riviste scientifiche, che puntualmente hanno riportato, spesso in anticipo, le novità della ricerca biomedica mondiale, i nostri medici di famiglia, soprattutto quelli giovani ai primi passi, non avrebbero avuto modo di aggiornarsi. Sappiamo bene che più della metà delle conoscenze di un medico, cinque anni dopo la laurea, diventa obsoleta, superata dall'incalzare delle nuove scoperte e dei nuovi ritrovati" [...] "Oggi finalmente anche in Italia l'educazione medica continua e obbligatoria sta per diventare una realtà, ma trent'anni fa c'era poco o niente. Per fortuna ci ha pensato Pieroni: la collana di molte riviste raggruppate sotto il logo Stampa Medica e le varie iniziative che ha ideato e realizzato rappresentano un contributo importante all'aggiornamento scientifico di migliaia di medici, un compito che sarebbe spettato alle istituzioni, ma che le istituzioni hanno per decenni ignorato".

Tutto comincia come una one-man agency a Roma, con una tipografia di cui conosco il proto, il signor Bei - rivelatosi presto inaffidabile, come dirò più avanti. Sto partendo per Catania - allora sede della Lederle - per firmare un contratto di pubblicità e passo la notte in bianco per chiudere il giornale, di modo che esca puntuale, predisponendo anche la spedizione. Intanto, ho portato la tiratura a 15.000 copie. Controllo che tutto sia a posto con la tipografia e con lo spedizioniere e parto tranquillo. L'indomani chiamo al telefono Bei: «Tutto a posto», mi sento rispondere. Al mio ritorno, scopro che il giornale non è stato ancora stampato. «Ma quando ho telefonato, perché non me lo ha detto?», gli chiedo. «A che sarebbe servito? Lei non poteva farci niente, si sarebbe arrabbiato e si sarebbe rovinato il viaggio!».

Così decido di lasciare la tipografia romana e fare il grande salto a Milano.

A Roma mi avrebbero assistito, dandomi totale tranquillità, Rossana Masia e Mimma Nori, poi insieme a Ersilia Caldaretta, Alberto Pieroni e Antonio (Toni) Morelli (successivamente capo ufficio stampa di Farmindustria), mentre a Milano, con il sostegno della torinese Elsa Musio per l'amministrazione (personificazione della severità e del rigorismo piemontesi) e del maestro Roberto Marani per la parte grafica, avremmo avviato al lavoro una sessantina di giovani, fra i quali Severino Sogne, Raffaella Sansoni, Alberico Gariboldi, Giuseppe (Beppe) Draetta, Mauro Bersani (poi alla Einaudi), Betta Bergomi, Paola Colombo, Antonella e Laura Mantovani, Massimiliano (Max) Caleffi, Mara Sala, Giorgio Cavazzini e Andrea Ridolfi e altri. E ci saremmo valsi dell'opera di Antonia Argentiero e Nicola Miglino, nonché della consulenza di Mariolina Olivari, storica dell'arte, di Bice e Maria Teresa (Esa) Massarani e Ferruccio Bergomi.

Eccoci dunque pronti ad affrontare la mitica Milano.

Un particolare: ho tutto quello che serve per avviare un'impresa (idee, progetti, voglia di fare), tranne due cose: i soldi e le conoscenze.

A Milano, dalle Pagine Gialle, trascrivo tre nomi a caso dalla voce tipografie. I primi due contatti non sono adatti per il prodotto che ho in mente, il terzo comincia bene e proseguirà meglio. È la lito-tipografia dei fratelli Azzimonti, una tra le più antiche di Milano. Il mio interlocutore, dei due, è il fratello più anziano. Si occupa della stampa e dei nuovi clienti (mentre l'altro cura la cartografia) e mostra subito interesse per il mio progetto di realizzare un moderno periodico d'informazione per i medici.

Al temine della mia presentazione, gli preciso che non ho capitali da investire. «E come mi pagherà?», mi domanda. «Con i proventi della pubblicità», rispondo sicuro. «Come pagano?» «In genere a 60 giorni». «Bene, allora lei mi pagherà a 90 giorni», conclude. Chiama il proto e gli dice: «Questo signore è un nostro nuovo cliente. Lo tratti come se fosse il Corriere della Sera».

Comincia così l'avventura milanese con l'assistenza di un proto che si chiama quasi come il suo collega romano - Bai, anziché Bei - ma di ben altra stoffa. Uno sviluppo e una crescita a vista d'occhio: un paio d'anni dopo l'avvio, pubblichiamo già una dozzina di periodici e frequenti supplementi speciali per case farmaceutiche, stampando ogni mese, complessivamente, oltre due milioni di copie. Arriveremo a dare lavoro a più di 60 persone, offrendo a tutti, a nostre spese, la possibilità di migliorarsi professionalmente, a partire dalle lezioni di lingua inglese.

Ben presto però mi accorgo che mi manca qualcosa. Come posso acquisire rapidamente cognizioni medico-scientifiche per integrare gli orientamenti della ricerca che mi fornisce Elena Massarani, in questo periodo dirigente delle ricerche di una grande casa farmaceutica? Si tratta di scrivere testi validi e al tempo stesso accettabili per i medici. La soluzione nasce un po' da sé, con le interviste ai "grandi" - che qualcuno mi aveva detto si sarebbero fatti pagare, cosa del tutto falsa. Ogni intervista diventa una lezione privata di medicina o di chirurgia. Mi presento, premettendo di non essere medico, e questo mi sembra che metta il mio interlocutore a proprio agio. Una delle prime interviste è quella concessami, all'inizio degli anni 70, dal professor Silvio Garattini, direttore dell'Istituto di Ricerche Farmacologiche Mario Negri (già allora con la sua inseparabile maglietta bianca alla coreana). Gli chiedo di spiegarmi, perché poi io lo racconti ai medici, che cosa succede quando un farmaco entra nell'organismo umano: ne viene fuori un articolo che farà epoca, intitolato "Quando il metabolita diventa protagonista".

Fra le tante interviste di grande rilievo, ricordo quella con il chirurgo di Milano, Edmondo Malan, pioniere dei bypass, che mi ha spiegato pazientemente, aiutandosi anche con disegnini rudimentali, il suo lavoro di "idraulico" - come egli stesso ironicamente si definisce. Con Malan, esponente della Chiesa Valdese, è poi nata una calda amicizia. Rammento che un giorno mi chiama per andare a colazione insieme. A tavola mi dice che si accinge a partire alla volta di Houston, in Texas, per farsi operare al cuore dal suo amico e noto cardiochirurgo Michael E. De Bakey (personalità scientifica di origine libanese ambita in tutto il mondo, uno dei padri della moderna cardiochirurgia e realizzatore di un cuore artificiale). Purtroppo Malan non ce la farà. Tornerà in Italia, dopo essere stato cremato, in una piccola urna di legno. Alla funzione funebre c'è tutto il mondo medico.

Un altro amico fra i grandi della medicina e chirurgia, incontrati all'inizio del mio nuovo lavoro, è Lucio Parenzan, che vado a intervistare a Bergamo. Qui, agli Ospedali Riuniti, ha creato un reparto di cardiochirurgia pediatrica, dove arrivano pazienti da tutta Italia, in particolare dal Sud. Con il piccolo malato, spesso giunge dal Mezzogiorno tutta la famiglia con fagotti e valigie di cartone.

«Per scrivere con cognizione di causa», Parenzan mi suggerisce di tornare l'indomani mattina ed entrare con lui in sala operatoria. Seguo così il suo intervento su una bambina di 9 mesi, un'esperienza che mi lascia turbato per giorni, soprattutto per la drammaticità degli ultimi minuti. Con i mezzi e le cognizioni di allora, l'operazione non può durare oltre un'ora, a causa della circolazione extra-corporea. A un certo momento è però necessario disfare parte di quello che è stato fatto e ricominciare daccapo, mentre i minuti passano inesorabili. Questa volta va tutto per il meglio. E, per quanto mi riguarda, mi viene impartita in esclusiva una straordinaria lezione di chirurgia.

Con il trascorrere degli anni, ai periodici e agli speciali aggiungiamo la pubblicazione di opere particolari, come Erbe in Cina, rassegna di erbe medicinali con disegni originali cinesi a cura di Elena Massarani (editore Amilcare Pizzi), scritto con l'aiuto del botanico Enrico Banfi, poi direttore del Museo di Scienze Naturali di Milano.

Intanto, verso la metà degli anni 80, acquisiamo i diritti per la pubblicazione in italiano del mensile americano Geriatrics, dedicato ai problemi medici delle persone anziane. In vista della presentazione del primo numero, penso di produrre un filmato con interviste e opinioni di qualche anziano famoso. Mi rivolgo perciò ad amici e conoscenti, che avevo acquisito negli anni attraverso il mio lavoro. Il primo della lista è Nils Erik Liedholm, il celebre calciatore del Milan giunto dalla Svezia con Gunnar Gren e Gunnar Nordahl, il famoso trio soprannominato - dalle iniziali dei loro cognomi - Gre-No-Li. Liedholm, classe 22, quando aveva lasciato il suo Paese aveva rassicurato il padre che sarebbe tornato dopo uno o due anni, ma nella realtà ha vissuto oltre 60 anni in Italia. Dopo i successi nel calcio giocato, è diventato allenatore e poi si è dedicato alla viticoltura. Quando lo ritrovo negli anni 80 gli domando se si senta o meno anziano. Risponde: «Bisogna sempre avere qualcosa di interessante e divertente da fare. Io, ad esempio, ho comprato un vigneto, che curo insieme a mio figlio. E prima mi occupavo di giornalismo sportivo. Anche se manca quello che si aveva da giovani, si può vivere lo stesso, così come sul campo da calcio si gioca meglio in 10, anziché in 11».

Un altro personaggio inserito nella presentazione è Claudio Villa (in realtà, Claudio Pica), cantante e attore con all'attivo 45 milioni di dischi venduti in tutto il mondo. Un uomo impavido e ambizioso, "romano de Roma" (era nato a Trastevere in via Lungara, la strada famosa perché vi si trova il carcere di Regina Coeli). Dotato di voce di stampo tenorile, nel 75 sposa Patrizia Baldi, giovanissima, con la quale ha due bambine. Quando lo incontro qualche anno dopo, per intervistarlo sul tema anziani, mi dice: «Bruno, io non mi sento anziano anche se ho più di 60 anni e, come vedi, continuo ad andare in moto» - per il nostro incontro mi aveva dato appuntamento al Foro Italico, dove è arrivato con una Guzzi 500. «Amo la vita e sulla mia tomba farò scrivere: "Vita sei bella, morte fai schifo"».

Il terzo personaggio che intervisto, sempre per la presentazione di Geriatrics, è l'attore, cantante, ballerino e capocomico, Renato Rascel. Ricordo che nel corso del nostro primo incontro gli avevo domandato con quale criterio stendeva le sue battute. Mi aveva risposto: «Prendo manciate di parole e le lancio in aria: sembrano coriandoli, ma alla fine vanno al loro posto come le tessere di un mosaico». Rascel era nato a

Torino per caso, perché lì si era fermata la compagnia teatrale di suo padre, Cesare Ranucci, autore di operette - mentre la madre, Paola Massa, era ballerina classica. All'inizio della carriera aveva scelto come nome d'arte Rachel (letto Rascel) e quando gli era stato rimproverato dal regime fascista che aveva un'intonazione di origine straniera, si dice abbia risposto: «Se dobbiamo italianizzare tutto, perché non cambiamo Manin in Manino?». Rascel, partito giovanissimo come attore di avanspettacolo, quando lo rivedo è ormai un dominatore delle scene teatrali. Nell'intervista per Geriatrics mi confessa: «Guarda *Pierò* che io non mi sento anziano: ogni giorno ricomincio come se fossi un principiante».

Con la mia redazione portiamo ai medici la prima edizione italiana del Manuale Merck di Diagnosi e Terapia (oggi edito da Springer Italia, diretta da Madeleine Hofmann, che pubblica, con Cortina, anche l'edizione italiana dell'equivalente del Manuale Merck per gli animali domestici), così come la prima edizione italiana del Dizionario Enciclopedico Illustrato Dorland's e, con l'Accademia di scienze mediche di Pechino, la prima edizione italiana del loro Manuale di agopuntura cinese.

Non è che filasse sempre tutto liscio. Avevo scoperto che in America usciva "Medical Tribune", un settimanale formato tabloid con varie edizioni in Estremo Oriente e in Europa, ma non in Italia. Telefonai alla redazione di New York e presi un appuntamento con il direttore tramite la segretaria.

Il direttore ne era anche il proprietario, Arthur M. Sackler, un medico miliardario ebreo appassionato di giornalismo. Andai da lui con mia moglie Elena Massarani, tutto baldanzoso per i successi che stavo raccogliendo in Italia.

Senza tanti giri di parole, mi disse che non avrebbe mai stretto un accordo con un italiano e mi offrì un bicchiere d'acqua.

Così ce ne tornammo in Italia con la coda fra le gambe.

Un anno dopo fui contattato da un avvocato americano, Michael Sonnenreich, legale di Sackler. Avrei così saputo che mi aveva fatto seguire da suoi amici delle alte sfere vaticane, gli era piaciuto come mi muovevo e mi offrì di fare insieme l'edizione italiana di Medical Tribune. Un successo. Con Arthur saremmo diventati grandi amici.

Gli "incontri" di Stampa Medica, baroni di vario tipo e qualche curiosità

Tra le tante novità apportate da Stampa Medica, sono indubbiamente di grande interesse gli incontri annuali tra specialista e medico pratico, organizzati a Castrocaro Terme-Terra del Sole. Ventidue edizioni annuali, tre giorni all'inizio di ogni primavera, per far trattare un determinato tema medico al "numero uno" in materia e ai suoi diretti collaboratori, cioè alla sua scuola, invitando in tal modo a parlare anche giovani specialisti. Tanto più che la platea si compone di circa 400 neolaureati in medicina e chirurgia, scelti vagliando le domande di ammissione e provenienti da tutte le regioni d'Italia.

Mi torna alla mente la prima edizione - che vede presenti tre grandi professori, con le rispettive squadre: l'ematologo Angelo Baserga di Ferrara; Cesare Bartorelli di Milano (che sta iniziando a diffondere fra i medici generici le problematiche dell'ipertensione) e Riccardo Scarzella, primario neurologo al Mauriziano di Torino. Il professor Scarzella è sostenitore di un concetto terapeutico del tutto innovativo. Eccolo: di fronte a un malato, prima ancora di cominciare a curare la malattia, il medico deve preoccuparsi di tutelare la "normalità residua". Ancora oggi, è considerato l'inventore della "Terapia della salute e dell'invecchiamento di successo", che si basa su un approccio multidisciplinare. L'anziano non è soltanto un corpo da curare, ma la sua salute dipende dal modo in cui lo stesso gestisce la propria vita finché è sano. Questo non significa tutelare il soggetto soltanto dal punto di vista fisico, ma aiutarlo a esercitare la mente e a stabilire e mantenere relazioni sociali gratificanti.

Tre personaggi di grande caratura, gli ospiti della prima edizione, uno diverso dall'altro: Baserga, lo studioso asceta; Scarzella, il barone d'assalto teso alla ricerca del nuovo; Bartorelli, un barone all'antica, ma in armonia col nuovo. Quest'ultimo, in particolare, lo ricordo sempre elegante, col fazzoletto al taschino, patito per la cravatta, specialmente del nodo "alla Scappino" (dal nome del più famoso cravattaio italiano di prima della guerra). A questo proposito, si fa strada un'immagine rievocativa alquanto particolare. Siamo alla cena di gala al termine di un grande congresso medico. Vado al tavolo dove è seduto il professor Bartorelli per salutarlo. Mi stringe la mano e mi tira a sé per dirmi che il nodo della mia cravatta non va bene. E, di fronte a tutti i commensali, lo disfa e lo rifà "alla Scappino". Baroni di un tempo passato...

Nella mia carrellata è un susseguirsi di immagini che stimolano altri ricordi: belli, brutti e tanti divertenti. Come nel caso di Giuseppe Labò, professore di gastroenterologia all'Università di Bologna. Un giorno, in piena contestazione sessantottesca, entra in un'aula zeppa di studenti protestatari ed esordisce così: «Debbo fare una precisazione: so che molti di voi dicono che io sono un barone. È sbagliato. Io non sono un barone, ma sono un principe della medicina». Dopodiché tiene la sua lezione nel silenzio più assoluto.

Ricordo anche il suo aiuto preferito, Luigi Barbara, con il quale stabilirò negli anni un rapporto di grande amicizia. Un giorno, al nostro terzo o quarto incontro, gli confesso che mi sento in imbarazzo, in quanto gli chiedo tanti commenti, ma non ho un budget per compensarlo. Ricordo ancora la sua replica: «Ma Pieroni, che dice? Innanzi tutto cominciamo a darci del tu e poi sono io che dovrei pagarti per la pubblicità che mi fai!».

Come in un film, all'immagine di Barbara subentra, in dissolvenza incrociata, quella del professor Gaetano Crepaldi: clinico medico e geriatra dell'Università di Padova, altro grande amico. Un giorno, avendogli chiesto di commentare una terapia farmacologica innovativa, chiama al telefono un suo collega che si trova negli Stati Uniti, a Boston. Mi dice: «Su questo argomento, lui ne sa più di me». E gli chiede di farmi avere subito per fax il testo di cui ho bisogno (Internet non esiste ancora). Bisogna dire che Crepaldi è il tipo che ci tiene molto a che il suo status di barone sia sempre ricordato e rispettato. A riprova, una volta manda all'aria un mio progetto al quale sto lavorando duramente: portare in Unione Sovietica, per la precisione in Georgia, un gruppo di geriatri da lui guidati per un incontro con colleghi del posto. Quando gli dico che in uno degli spostamenti locali le modeste condizioni alberghiere richiederanno di dormire in camere a due letti, si dissocia anche a nome dei colleghi. Un barone non può sottostare a tanto! La spedizione in Georgia andrà all'aria. Mi recherò io a Tblisi, capitale della Georgia, a scusarmi con il Ministro della Sanità per l'inconveniente. Sempre in tema delle impennate di Crepaldi: una volta, saliti su un aereo che ci porta a Londra, davanti a tutti (medici e giornalisti) prende a male parole l'accompagnatore perché lo ha sistemato in economy con tutti gli altri, e non in prima classe o almeno in business.

Per la serie comportamenti baronali da ricordare, ma di tutt'altra natura, e soprattutto quest'anno in cui ricorre il 30simo anniversario della scoperta (1981) dei primi cinque casi di polmonite da germi opportunisti in soggetti gay, rammento quello di Ferdinando Aiuti, che baciò pubblicamente sulla bocca Rosaria Iardino, positiva all'Hiv dall'84. Aiuti (il primo ricercatore italiano ad averlo capito) intendeva dimostrare, a chi rifiutava i bambini sieropositivi a scuola e gli adulti nel mondo del lavoro, che il virus si trasmette soltanto attraverso sangue infetto o con rapporti etero o omosessuali. Oggi più di 33 milioni di persone al mondo convivono con l'Hiv, ma aumenta il numero di quelle curate.

Baroni... ma anche baronesse. Una lunga, interminabile galleria di ritratti di esponenti della baronia nell'area medica, operatori sanitari e giornalisti del settore, persone giovani e anziane o già scomparse, comunque tutte care, meritevoli di un ricordo affettuoso, con tante scuse per le dimenticanze, ovviamente del tutto involontarie. Protagonisti e interpreti di altrettante Italie mediche. Da Giorgio Brunelli, chirurgo ortopedico, pioniere degli studi per riabilitare i paraplegici, nominato per il Nobel in medicina, a Giancarlo Sansoni, Alberto Zanchetti, studioso dell'ipertensione all'ombra di Cesare Bartorelli, a Giuseppe Mancia e Gastone Leonetti, della stessa covata; dall'urologo Patrizio Rigatti al clinico Massimo Colombo e al dietologo Michele Carruba; da Mauro Moroni, Enrico Agabiti Rosei e Cesare Dal Palù a Vincenzo Pipitone, uno dei padri della nostra reumatologia con Camillo Benso Ballabio (il quale ci teneva a dire che, nei primi anni dopo la laurea, per andare a casa dei pazienti si muoveva per Milano in bicicletta), e Ferdinando Pellegrino, psichiatra di grido, autore di molti libri - uscito dal vivaio di Stampa Medica. Da Nicola Simonetti, Direttore scientifico all'Ospedale di Carbonara

- il più grande della Puglia e inviato onnipresente per la Gazzetta del Mezzogiorno - e Giancarlo Calzolari, viaggiatore insanabile, a Carmelo Nicolosi, inventore di AZsalute - supplemento mensile del Giornale di Sicilia - Gian Ugo Berti, Federico Mereta e Sergio Pecorelli, Direttore della Divisione di Ginecologia ed Ostetricia dell'Università di Brescia e Presidente dell'Agenzia del Farmaco. E, ancora, dai quattro "Luciani della medicina" (Sterpellone, autore di oltre cento libri di medicina, Onder, commentatore medico televisivo di Rai2, Lombardi e Ragno) al "moderatore acrobata" di conferenze stampa impossibili, Sergio Angeletti. E poi le baronesse, da Rita Levi Montalcini alla sua amica prediletta Luisa Monini, chirurga ortopedica e ideatrice di Panacea (la rubrica televisiva di TeleTutto, in onda da oltre dieci anni), nominata nel 2011 a un alto incarico nell'Associazione mondiale donne professioniste, ad Adriana Bazzi, inviata del Corriere della Sera in mezzo mondo, soprattutto in Asia e in Africa, già direttore responsabile di Corriere Medico ed esponente delle Soroptimist, fino a Manuela Lucchini, inviata di Rai1, e Alessandra Graziottin, sessuologa al San Raffaele di Milano, immancabile dovunque si parli della sua specialità. Qualcuno, ironizzando, dice che ormai in Italia non si può più fare sesso ragionato se prima non si è consultata Alessandra.

Forse di "baronia" ce n'è almeno un pizzico in ciascuno di noi, me compreso. Mi ci ha fatto pensare un amico di sempre, il professor Marco Trabucchi, gerontologo, clinico medico all'università Tor Vergata di Roma e direttore del Centro ricerche gerontologiche di Brescia. La sera della cena prenatalizia 2010 dell'Unamsi, rievocando i tanti anni di generosa collaborazione donatami, dice: «Lavorare con Pieroni è piacevole perché ti fa fare tutto quello che vuoi, poi alla fine decide lui il da farsi». Non è un comportamento da barone?

E intanto continuano a sfilare nella mente ritratti e ricordi di personaggi incontrati e coi quali, negli anni, ho stretto rapporti di stima e amicizia reciproca.

Ad esempio, Silvio Garattini e Rodolfo Paoletti (per tanti anni Preside della facoltà di Farmacia all'Università degli Studi di Milano, sostituito poi dall'amico Cesare Sirtori, e ideatore del corso post-universitario di giornalismo scientifico): forse gli esponenti della medicina italiana più noti e apprezzati all'estero.

Di questi anni non posso dimenticare nemmeno alcune date per me molto dolorose, e altre che mi hanno regalato momenti di pura gioia. Nel 1975 viene a mancare mia moglie, Giuliana, poche settimane prima di compiere 50 anni di età e qualche settimana dopo la ricorrenza dei 25 anni del nostro matrimonio, dal quale sono nati tre figli: Maurizio (nel 1951) - che da più di trent'anni vive in Africa, dove ha sposato Julia Baba, deceduta purtroppo giovanissima (e con la quale ha avuto Olivia e Christopher) - e i due gemelli (nel 1956) che vivono a Roma. Marco, magistrato della Corte dei Conti e consulente alla Corte Costituzionale (che ha sposato Claudia Afferni, e ha quattro figli: Flavia, Sabina, Paolo e Giulio) e don Fabio, parroco a Centocelle e prefetto (coordinatore di più parrocchie). È stata proprio la vocazione sacerdotale di mio figlio a indurmi a cedere Esi - Stampa Medica a Elsevier. Ma, dato che non so cosa significhi la parola "pensione", dopo qualche anno, con Elena Massarani, Antonia Argentiero, Paola Colombo e Massimiliano (Max) Caleffi, costituiremo la Medicom, ceduta infine a Springer Italia.

Torniamo indietro di qualche anno. Nel 1979 si verificano due eventi importanti: Fabio mi comunica di avere avvertito la vocazione al servizio sacerdotale; e il 14 febbraio (giorno di san Valentino) passo a seconde nozze. Nella chiesa di Sant'Agostino in via Copernico a Milano, sposo Elena Massarani, diventata nel frattempo direttrice scientifica del gruppo Stampa Medica.

Nel 1981, Fabio, laureatosi come Marco in giurisprudenza all'Università di Roma, e completato il corso triennale di marketing all'Istituto Europeo di Design, frequentando contemporaneamente stage estivi di management al St. Catherine College di Cambridge, in Inghilterra - e dopo aver ottenuto il diploma di filosofia all'Ateneo Lateranense di Roma - è ammesso a frequentare il Seminario Maggiore Romano e il corso di laurea di cinque anni in Teologia all'Università Gregoriana, sempre a Roma. Il 16 maggio 1987, a completamento di questo lungo percorso, Fabio sarà ordinato sacerdote.

Mentre i miei figli seguono, ognuno, la propria strada, io cerco di dare sempre nuovo impulso a Stampa Medica. Ai nostri incontri in redazione, suggerisco continuamente idee e novità - caratteristica questa che mi contraddistingue fin dagli anni giovanili. Il mio periodico, primo in Italia, dedica una seduta congressuale alla droga, protagonista don Luigi Ciotti, oggi famoso per il suo impegno in ambito sociale e nel recupero dalla tossicodipendenza. In questo periodo si lavora senza sosta: mattino e pomeriggio. Una serata è dedicata allo spettacolo con protagonisti dilettanti medici e big: da Mike Bongiorno a Enzo Jannacci, da Enrico Ruggeri a Gaspare e Zuzzurro. Il sabato sera c'è la cena di gala per tutti al Grand Hotel con la consegna dell'Ippocrate d'oro (premiamo, ogni volta, tre grandi della medicina e un giornalista dell'area salute). Una sera sorprendo i miei collaboratori annunciando l'avvenuta elezione di Miss Stampa Medica e presentandola io stesso: «Si chiama Esther». La prendo in braccio: ha 5 anni. Si tratta della figlia di Gyorgy Karpati, regista ungherese - tra l'altro premiato a Hollywood - e "maestro cinematografico" di Elena Massarani.

Anni intensi, eccitanti, pieni di soddisfazioni: altro che pensione!

Prima di chiudere, permettetemi di annotare cinque curiosità.

Per presentare il primo numero dell'edizione italiana di JAMA, scegliamo Casablanca in Marocco, dove portiamo circa trecento esponenti del mondo farmaceutico, trasferiti dall'Italia con tre aerei (due da Milano e uno da Roma) da noi noleggiati.

Seconda curiosità: monsignor Fiorenzo Angelini, poi nominato cardinale, ministro della Sanità del Vaticano, chiamato a far parte di una giuria per assegnare un cospicuo premio al giornalismo medico-scientifico interviene per far modificare la decisione della giuria, che l'aveva assegnato a me come direttore di Stampa Medica. Dice che Stampa Medica va bene, ma anziché Pieroni va premiata «la persona che sta dietro di lui, la professoressa Elena Massarani», che riceverà i 10 milioni di lire del premio. Elena deciderà di devolvere questa somma al restauro di un dipinto della chiesetta di Liano - paesino collinare sul Garda - dove ha trascorso l'adolescenza. Ricordo che quell'anno, per la radiotelevisione, sarà premiato Biagio Agnes, in seguito Direttore generale della Rai e con il quale avevo collaborato per avviare, nel 1987 (con Giorgio Conte e Luciano Lombardi come conduttori), il settimanale Check-up, la prima trasmissione televisiva dedicata alla medicina.

Rammento anche che più avanti, Monsignor Angelini penserà di recarsi in visita in Cina e, per questo, si rivolgerà a Giulio Andreotti. Andreotti chiederà l'intervento dell'Ambasciatore d'Italia a Pechino, il quale suggerirà - guarda i casi della vita! - il mio nome: «data l'influenza di Pieroni nell'area medica italo-cinese». Così sarò chiamato in causa e dovrò intervenire io presso l'Ambasciata cinese a Roma. Monsignor Angelini riuscirà ad andare in Cina alla guida di un gruppo di medici cattolici. Per ringraziarmi, quando esco con l'edizione italiana di Medical Tribune, mi farà avere un disegno augurale - una colomba di Renato Guttuso, al quale sta dando assistenza spirituale.

La terza curiosità è che, al momento di stampare il Manuale Merck (che ci siamo impegnati a presentare con le stesse caratteristiche dell'edizione originale americana), il nostro stampatore, Garzanti, si trova in difficoltà a realizzare "l'unghiatura" per indicare con lettere in oro l'inizio dei vari capitoli. Per risolvere il problema, decido di andare a Filadelfia dove si stampa l'edizione statunitense, così da capire come facciano loro. E cosa scopro? Che lo stampatore americano usa una macchinetta ideata, fabbricata e brevettata in Italia! La nostra prima edizione del Manuale sarà presentata a L'Aquila il 20 giugno 1984. L'editor-in-chief dell'edizione originale, Robert (Bob) Berkow, scrive questa dedica: *"A Bruno, mio Amico, This book is a triumph, in large part due to your skill and intensity. It is the first of many, and I thank you for your help"*. Il professor Piero Angeletti, Presidente di Merck Italia, scrive: "Bruno ed Elena, questa è un'altra prova indelebile della vostra grande professionalità".

Quarta curiosità. Siamo nel 1944 e don Fabio, Vice Parroco al Torrino, quartiere adiacente all'EUR, chiede a me e ad Elena di raggiungerlo un pomeriggio alla sua chiesa. Sarà l'occasione per incontrare Papa Giovanni Paolo II, che, in visita alla sua Parrocchia, all'interno dei locali di abitazione, ci intratterrà affabilmente, interessandosi a quel che facciamo e stringendoci fortemente la mano, quasi fossimo vecchi amici. È l'occasione irripetibile per consegnarGli una copia del volume "Erba in Cina" di Elena Massarani.

Quinta e ultima curiosità: il collega e amico Francesco Brancati dell'Ansa pubblica un'ampia recensione del mio libro, Sanità nuovo potere. A causa di un refuso, la sua recensione finisce ai giornali religiosi. Invece di "Sanità", il titolo diventa: "SanTità nuovo potere".

Nel frattempo il mondo della salute è investito da imprevisti quanto imprevedibili nuovi orientamenti economico-industriali: fusioni, vendite, acquisizioni, ridimensionamenti. Su tutti emerge un imprenditore lungimirante e innovatore, Aldo Cerruti, che, tramite la sua "ab medica", porta in Italia la robotica chirurgica e istituisce un megaincontro annuale a Milano per dibattere un tema denso di promesse: "Il futuro della Sanità".

In cammino verso i 90
e l'ingresso tra i nonagenari

Una serie di sequenze riassume il mio cammino verso i novant'anni con tante Italie - espressioni di cortesia e generosità nei miei confronti. Ma anche di tentazioni. Come l'offerta di un partito politico (del quale non citerò il nome), che giunge all'acme del nostro successo editoriale, quando ci seguono migliaia di medici e facciamo circolare fino a tre milioni di copie di giornali al mese. Mi propongono di presentarmi come loro candidato e di chiedere ai nostri lettori di votare per me. Naturalmente declino la proposta, fedele all'impegno di sempre: stare lontano dalla politica. Del resto, gli incarichi di prestigio e le soddisfazione non mi sono mai mancati. Un esempio? Il più importante forse è la nomina per acclamazione a Presidente onorario dell'Unamsi (l'Unione Nazionale Medico-Scientifica d'Informazione), dopo 15 anni di presidenza, non essendomi ripresentato alle elezioni del 2010.

In tanto succedersi di impegni in Italia e all'estero c'era il rischio di dimenticare i fratelli, eventualità che ho sempre cercato di evitare, dedicando qualche giorno o almeno qualche ora ogni tanto ai miei fratelli: Ugo, che risiedeva a Salerno con la moglie Concetta, il quale, grazie alle capacità culinarie della figlia Annamaria, mi riservava sempre il piacere di gustare la pasta "alla siciliana"; Angelo con la moglie Corinna e Alberto con la moglie Anna, residenti a Roma.

Ma andiamo per ordine. Si comincia tanti anni fa con un premio giornalistico Glaxo (per la radiotelevisone lo riceve Piero Angela) e si arriva ai giorni nostri, con il settimanale Oggi, che ci dedica un'intera pagina, a firma Umberto Veronesi, con grande foto insieme a Elena Massarani.

Altra prova di italica generosità da parte del Comune di Castrocaro Terme, sede dei nostri congressi medici per oltre vent'anni: in dono, il modello della Colonna con anelli della città. Forse non tutti sanno che la colonna originale, situata sulla piazza centrale della cittadina, reca alcuni anelli donati da famiglie patrizie del posto. Il visitatore che, in passato, si fermava lì e legava il suo cavallo alla colonna, era ospite della famiglia proprietaria dell'anello scelto per la sosta del suo cavallo.

E, ancora, Il premio Terme di Riolo, Ravenna, alla carriera, su iniziativa del Professor Umberto Solimene, Direttore Scuola di Specializzazione in Medicina Termale dell'Università di Milano, e ritirato in mia vece dalla collega Adriana Bazzi, il Premio Voltolino, pure alla carriera, evento nato nel 1997 per iniziativa di Massimo De Martino, Presidente e Amministratore Delegato di Abiogen Pharma di Pisa, per ricordare il fondatore dei Laboratori Gentili, nel 1917, il bisnonno Alfredo Gentili, da cui discende l'azienda. Era un uomo poliedrico, in primo luogo appassionato pubblicista. L'iniziativa, organizzata da Rossella Viviani, con il patrocinio dell'UGIS (Unione Giornalisti Italiani Scientifici), allora presieduta da Paola de Paoli, era affidata, per le decisioni di merito, a una giuria comprendente personalità del mondo scientifico, fra le quali Silvio Garattini e il premio Nobel Renato Dulbecco. Decisamente un grande onore.

Da San Sebastian, nei Paesi Baschi, nel 1999, giunge una targa d'argento e la concessione della *Chapilla de plata*, il basco d'argento, onoreficienza della città, a Bruno P. Pieroni.

E poi, ancora, un'altra sequenza: con la regia dell'addetto stampa Monica Assanta, Matteo Piovella, ora Presidente e allora Segretario della SOI (Società Oftalmologica Italiana), all'incontro annuale, mi consegna il distintivo d'oro di socio onorario. Analogo riconoscimento da parte di Conacuore (Coordinamento Nazionale Associazioni impegnate nella lotta alle malattie cardiache): una Federazione onlus che ha l'adesione e il sostegno di oltre 130 associazioni sotto la presidenza del professor Giovanni (Gianni) Spinella, suo ideatore e dinamico promotore. In vista dei miei 90 anni, Conacuore mi assegna un premio alla carriera e istituisce il premio giornalistico biennale Bruno Pieroni, di 12.000 euro, da suddividere in quattro premi da 3.000 euro cadauno. Per completezza, ecco i vincitori della prima edizione: settore quotidiani, Adriana Bazzi del Corriere della Sera per l'articolo "Dove abbiamo imparato a proteggere il cuore"; settore periodici, Gianna Milano, del settimanale Panorama per l'articolo "Salvarsi il cuore"; per le agenzie di stampa, Lino Grossano, dell'Ansa, per la notizia "Medicina: su bimba di due anni un chip per il cuore, prima in Italia"; per l'audio/video, Cinzia Bottini di Cnr Tv News, per il servizio "Pressione sanguigna sotto controllo". La prossima edizione è prevista nel 2012.

Nel 2011 cade anche il centenario dell'istituzione a Milano della Sala Stampa Nazionale. Per celebrare l'evento, il Consiglio Direttivo, su proposta del Presidente, Giovanni Domina, e suggerimento del collega Giancarlo Sansoni, decide di intestare la sala delle conferenze stampa a Bruno P. Pieroni - che ha donato una sua collezione di antiche macchine per scrivere, che ora ornano i locali della Sala Stampa Nazionale.

E infine - almeno per il momento - ancora una sequenza.

Da Shanghai arriva la segnalazione che il Governo della Repubblica Popolare Cinese ha assegnato un riconoscimento a dieci stranieri che, nel mondo, hanno contribuito a migliorare i rapporti di amicizia fra i rispettivi Paesi e la Cina. Fra i dieci premiati, Bruno P. Pieroni, al quale, in occasione del suo novantesimo compleanno, il relativo documento è consegnato personalmente in Italia da Lin Xiao Ying (Giovanna), dirigente per il settore Europa della Shanghai People's Association for Friendship with Foreign Countries, con una statuetta che riproduce un uomo dalla lunga e fluente barba bianca, Lao Shou Xing, l'anziano che in Cina simboleggia la longevità.

Ci si avvicina ai 40 anni dell'Associazione Medica Italo-Cinese e il Presidente Umberto Solimene promuove un DVD, che riassume quattro decenni di collaborazione fra la medicina dei due Paesi.

Prima di chiudere, ancora due riflessioni.

Prima riflessione:
Se non vuoi morire giovane,
devi accettare di invecchiare.

Seconda riflessione:
Sentirsi vecchi è la cosa peggiore
della vecchiaia.
Perciò sappiate regolarvi.

Ma a questo punto sappiamo
quale Italia celebrare?
Auguri a tutti!